最新
烘焙技法全书

Delicious Baking

犀文图书 编著

U0324307

天津出版传媒集团

 天津科技翻译出版有限公司

PREFACE 前言

　　烘焙，指的是利用面粉、糖、水、酵母等原材料，经过精心的加工，制作成面包、饼干、蛋糕等甜品或点心，然后经过烘烤而成的各类食品。目前，烘焙食品在人们的生活中占有重要的位置。随着人们生活水平和生活质量的提高，健康消费越来越受重视，尤其对于食品，不仅要吃饱、吃好，还要吃出健康。烘焙食品不仅营养丰富，而且大多都适合添加各种富有营养的食物原料。仅就其主原料小麦粉而言，就有着其他谷物望尘莫及的营养优势。小麦粉特有的面筋成分，使得烘焙食品可以加工成花样繁多、风格各异的形式。当我们漫步街头，看到橱窗里那些琳琅满目、让人垂涎欲滴的烘焙食品时，是否有那么一刻冲动，想尝试一下亲自制作呢？

　　本书从制作烘焙食品的常用工具、材料、注意事项、操作术语开始介绍，同时介绍了一系列面包、饼干、蛋糕、比萨等各类烘焙制品的制作技巧和步骤，图文并茂，内容详尽，让您轻松掌握制作要领。不论您是DIY烘焙食品的爱好者，还是专业人士，都能满足需求。只要您愿意，可以尽情地发挥自己的创意，做出自己喜欢的各式烘焙食品。

Contents 目 录

PART 2 经典烘焙食品

二、蛋糕

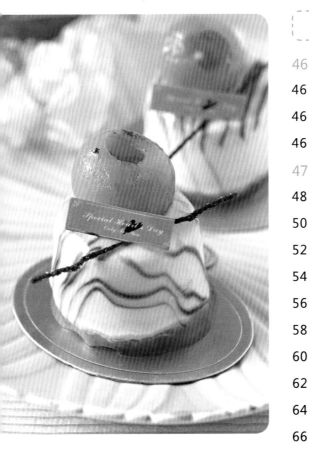

三、比萨

四、饼干

五、酥

PART 1
烘焙基础常识

烤箱

一、烘焙用具

烤具

烤箱及使用常见问题

　　烤箱是利用电热元件发出的辐射热烤制食物的厨房电器，已经逐渐深入家庭厨房，是焗饭烤肉、烘焙点心的必备帮手。电烤箱有不同类型，体积较小的桌上型比较轻薄，嵌入式则比较厚实。烤箱带热风循环的功能适用于制作烤肉；带蒸汽的功能，对于烘焙欧式面包、脆皮比萨最有利。

烤箱选择攻略

　　1. 烤箱的最高温度最好是250℃以上，能定时60分钟以上，容积在25升以上。

　　2. 烤箱的层数至少3层，最好能达到5层，如此烤箱内侧壁用来架放烤盘或烤网的凹槽、铁架可以有充分的空间放置，烘烤时，可以根据不同食物放置不同位置。

　　3. 烤箱要有上部和底部两层加热原件，并且最好是可以分开控制开关的，以便可以单独用上火或下火烘烤。

Q 常见问题

A. 烘烤温度

如食谱上未明确上下火温度，将烤盘置于中层即可；若上火温度高，下火温度低时，除非烤箱上下火可以分别调温，不然通常将上下火温度相加除以二。然后，将烤盘置于上层即可，但烘烤过程仍需留意表面是否过焦。

B. 食物过焦时的处理

烘烤过程发生过焦情况时，稍微打开烤箱门散热或者在食物上盖一层锡纸。

C. 炉温不均时的处理

在烘焙点心时，要适时换边移位或者降温，以免点心两侧膨胀及生熟不均。

D. 其他注意事项

烤箱首次使用之前最好空烧 20 分钟，使用胶性材料黏合的链接零件的味道挥发，然后，简单清洁再使用。

不要逆时针拧动烤箱的时间旋钮，即便是发现预设的时长比实际需要的时长久，也只要把三个旋钮中间的火位档调整到关闭即可。

烤盘：可选用玻璃、陶瓷、金属、一次性锡纸烤盘。

烤网：可用于烤鸡翅、肉串，或者作为点心烘烤完成后的冷却架。

烤盘

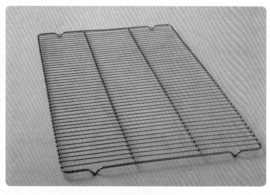

烤网

模具

吐司模：分为加盖和不加盖两种。

蛋糕模：有圆形、方形、三角形多种。制作轻质蛋糕（如海绵蛋糕和戚风蛋糕）最好选用底部可活动的蛋糕模；制作重质蛋糕（奶油含量较高）则选择底部固定或不粘蛋糕模为宜。

慕斯模：制作慕斯用的空心模具，有椭圆形、六角形、梅花形、水滴形和心形等多种形状。

布丁模与果冻模：制作布丁、果冻或传统蛋挞的模具。模具边缘有波浪状等纹路为布丁、果冻造型。选择带盖的模具，可避免冷藏时水分流失或表面变干。

圆形切模：有不同尺寸，可以切出大小不一的圆形面片。

切割模：用于面包的整形，有直边和花边两种。

挞模与派模：有底部可活动和底部固定两种。若填入的馅料较多，最好使用底部可活动的烤模。使用底部固定的烤模前刷一层薄薄的色拉油或奶油或铺一张烘焙纸防止粘连。

舒芙里杯：可选择玻璃或陶瓷材质的，模具壁必须垂直于底部面糊才能膨胀至最佳高度。

空心压模：用于制作造型饼干或者直接压在面皮上抠出各式造型。

土司模

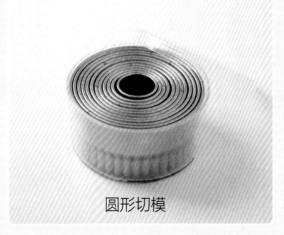

圆形切模

塔 模

刀具

平口刀：切口较平滑，用于分切较嫩滑的点心（如奶酪蛋糕）。

锯齿刀：常用于切蛋糕或面包，不易产生面包屑，切割后外形整齐、漂亮。

脱模刀：以橡胶材质为佳，只需将刀沿着边缘插入烤模底部，顺着模具转一圈即可脱模。

轮刀：用来切割比萨饼皮的工具。

橡皮刮刀：可以轻松刮下黏稠的材料。

牙刀：可切割面包等弹性强的点心。

利刀：可选择手术刀片、剃须刀片、美工刀等刀锋锋利的刀，用于切割面皮来造型。

抹刀：可以辅助涂抹奶油和脱模。

抹刀

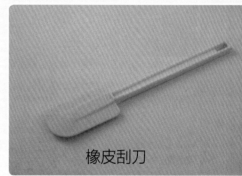

橡皮刮刀

量具

量勺：用于称量酵母、泡打粉之类的较少量的材料。通常为1大匙、1/2大匙、1小匙、1/2小匙、1/4小匙。

量杯：用于量度配方中的液态原料的分量。

台秤：可精确计量原料、配料的分量。

其他

面包机与擀面杖：面包机直接烘烤出来的面包口味不如电烤箱正宗，但可直接完成面团的制作和发酵过程。虽然不如用擀面杖擀出来的面效果好，但若为省力可以直接选择面包机。

擀面杖

搅拌器与搅拌盆：选择玻璃、陶瓷和塑料材质的搅拌盆适用于搅拌面糊和鲜奶油；不锈钢材质的搅拌盆传温速度快，适合隔热熔化巧克力或打发蛋黄，也可隔冰水打发鲜奶油。如此打发不必担心因搅拌器沿着盆边缘搅拌而掉漆。搅拌器分电动、手持式和台式。如打发少量黄油或将材料混合时，手动搅拌器更方便快捷。

温度计与高温布：温度计用于测量面团或熔化巧克力、熬煮糖浆的温度。高温布可反复使用。

锡纸与烘焙纸：烘烤用纸，用于垫在烤盘上防粘，或食物上色后包裹住食物，可防止上色过深或水分流失。

裱花袋与裱花嘴：用来蛋糕裱花，或在制作曲奇、泡芙时可挤出不同花色面糊。

打蛋器：以条数多、弹性好的为佳。

隔热手柄（或隔热手套）：可防止拿握烤盘时被烫伤。

冷却架：辅助烘焙食品加快冷却时使用，可用烤网替代，或将数根筷子均匀架空，以用来放置成品。

筛网：用于筛面粉。

毛刷：选不易脱毛的为佳，用完后要清洗晾干。可蘸上果酱或蛋黄液涂刷在糕点表面，也可将色拉油或奶油涂在烤盘或烤模内。

刮板：有塑料和白铁等材质，是分割面团和清理面板的好帮手。

蛋糕铲：有不同尺寸，用于分切蛋糕及铲起分切好的蛋糕。

针车轮：用于在面团上打出均匀而美观的孔。

搅拌盆

裱花袋

裱花嘴

打蛋器

烘焙纸

筛　网

二、烘焙材料

粉

面粉——制作面点的主要原料，好的面粉闻起来有股新鲜而清淡的香味，嚼起来略具甜味。

低筋面粉

中筋面粉

高筋面粉

全麦面粉

低筋面粉：小麦面粉的蛋白质含量在7%~9%，为制作蛋糕和混酥类西饼的主要原料之一。

中筋面粉：小麦面粉的蛋白质含量在9%~12%，多用于制作中式馒头、包子、水饺以及部分西饼。

高筋面粉：小麦面粉的蛋白质含量在12.5%以上，是制作面包的主要原料之一。

全麦面粉：小麦粉中包含其外层的麸皮，使其内胚乳和麸皮的比例与原料小麦相同，用来制作全麦面包和小西饼等。

淀粉

玉米淀粉：用玉米制作而成的淀粉。

普通淀粉：用马铃薯精制而成，制作

奶油馅和轻乳酪蛋糕时，添加适量的淀粉可增加材料的黏稠度。

小苏打粉：此粉与酸性食材混合可产生膨胀效果，使用过量会使味道变苦。

可可粉：添加在面糊中或用于装饰西点。

塔塔粉：酸性物质，用来降低鸡蛋白碱性和煮转化糖浆，例如在制作戚风蛋糕打鸡蛋白时可添加。

可可粉

塔塔粉

鱼胶粉：从鱼鳔、鱼皮中提取加工制成的蛋白质凝胶。用途非常广泛，是自制果冻、慕斯蛋糕等甜点不可或缺的辅料。

泡打粉：又称发酵粉，化学膨大剂的一种，能广泛使用在各式蛋糕、西饼的配方中。

鱼胶粉

泡打粉

蛋粉：为脱水粉状固体，有鸡蛋白粉、黄粉和全蛋粉三种。

臭粉：化学名碳酸氢铵，化学膨大剂的一种，较多用于需要膨大的西饼之中，在面包、蛋糕中几乎不用。

臭粉

糖粉：分为细砂糖粉和冰糖粉两种，为洁白的粉末状糖类，颗粒非常细，同时有 3%~10% 的淀粉混合物（一般为玉米粉），有防潮及防止糖粒凝结的作用。

糖

白砂糖：增加食谱的甜度，用白砂糖制作的饼干较糖粉制作的酥脆。

红糖：含有浓郁的糖浆和蜂蜜的香味，在烘焙产品中多用于颜色较深或香味较浓的产品中。

糖浆：细砂糖加水和加酸煮至一定的时间，在合适温度冷却后制成。此糖浆可长时间保存而不结晶，多数用于中式月饼皮、萨其马等产品中以替代细砂糖。

红 糖

乳制品

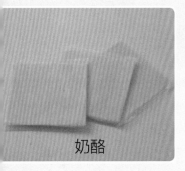

奶酪

牛奶：鲜奶，脂肪含量3.5%，水分88%，多用于西点中的挞类产品。

炼奶：亦称炼乳，加糖的浓缩奶。

奶酪：亦称芝士，由牛奶中酪蛋白凝缩而成，用于制作西点和芝士蛋糕。

奶油：有含水和不含水两种。真正的奶油是从牛奶中提炼出来的，为做高级蛋糕、西点的重要原料。

浓缩牛奶：只要加入等量的水就能搅拌成浓度正常的鲜奶。

油

酥油：亦称脱水奶油，适合制作起酥类多层次面包，融化温度比奶油高，适合长时间擀压。

黄油：天然纯正的乳香味道，颜色佳，营养价值高，对改善产品质量有很大帮助。

猪油：由猪的脂肪提炼出来，在烘焙产品中可用于面包、挞派以及各式中式点心。

酥油

黄油

猪油

液体油：在室内温度下呈流质状态的油，如菜籽油、花生油、色拉油（目前市场上有大豆色拉油、菜籽色拉油、米糠色拉油和葵花籽色拉油）。

SP蛋糕油：高档蛋糕油，这种油制作海绵蛋糕的时间更短，且成品外观和组织更加美观均匀，口感更润滑。

琼脂与明胶

食物凝固剂，琼脂为海藻胶之一，使用前用冷开水浸泡至软，再混合其他材料煮开，晾凉后即可凝固。明胶为动物胶质，有片状和粉状两种，是自制慕斯不可或缺的材料。

香料与香精

香料多数由植物的种子、花、蕾、皮、叶等研制成的调味品，有强烈味道，例如肉桂粉、丁香粉、豆蔻粉和花椒叶等。

酵母与改良剂

有新鲜酵母、干酵母、速溶酵母三种。

鸡蛋

从冰箱里取出的鸡蛋应先放在温室下回温，然后再制作西点。

果酱

用于制作点心馅料和夹心。

清水

制作面包的基本材料，水的品质不同，直接影响面包的组织、口感。

小麦胚芽

小麦在磨粉过程中与本体分离的胚芽部分，用于制作胚芽面包。

盐

添加适量的盐可以使面包产生微弱的咸味，再与细砂糖共同作用，可以增加面包的风味。

琼脂

改良剂

三、注意事项／常见问题

预热：在烘烤食物前，烤箱都需要预热至指定温度，才能让烤箱将食物充分烘烤，一般预热是10分钟。

粉类过筛：为避免一些较细的粉类结块，在使用前先进行过筛，像全麦面粉这种比较粗的粉类不需过筛。

严格按照操作步骤进行：制作烘焙食物时，应严格按照每个点心的操作步骤进行，因为任何一步的疏忽都有可能使成品有异样。

排放有间隔：为了防止点心烘焙过程中因膨大而粘连在一起，烘焙前在排放时应该给每个点心留下一点间隔。

厚度大小均一：每一盘每一种点心进烤箱之前尽量达到厚薄与大小尺寸的均一，而不是随意拿捏，这样烘烤后才不会有的糊了，有的还没上色。

少量多次加鸡蛋液：一个鸡蛋大约含有74%的水分，如果将所有鸡蛋液一次全部倒入奶油糊里，油脂和水分不容易结合，容易造成油水分离，搅拌会吃力，并且材料分次加入，烘烤出来的效果口感更好。

蛋清的打法：一定要用干净的容器，不能沾油和水，蛋清不能夹有蛋黄，否则就打不出好的蛋白。

烤模使用前先涂油：在烤模上刷一层油，再撒上高筋面粉或铺上防粘纸，再烘烤，如此烤好的食物才不会粘连。

准备好工具和材料：各类材料与工具需在开始制作点心前准备充分，以便烘焙过程有条不紊地进行。

材料提前恢复至室温：从冰箱里取出的材料要放置在常温下使其恢复至室温再取用。

材料混合：分次加入材料，这样才能使成品细致。

材料称重：做西点等点心时，称量一定要非常精确，这是烘焙成功的第一步。

四、操作术语

发泡

干性发泡：鸡蛋白或鲜奶油打起粗泡后，加糖搅打至纹路明显且雪白光滑，拉起打蛋器时有弹性而尾端挺直。

湿性发泡：鸡蛋白或鲜奶油打起粗泡后，加糖搅打至有纹路且雪白光滑，拉起打蛋器时有弹性挺立但尾端稍弯曲。

拌和

糖油拌和：油类先打软后，加糖或糖粉搅拌至松软绒毛状，再加鸡蛋拌匀，最后加入粉类材料拌和，如饼干类、重奶油蛋糕。

粉油拌和法：油类先打软再加面粉打至蓬松后，加糖打发至绒毛状，加入鸡蛋搅拌至光滑，适用于油量60%以上配方，如水果蛋糕。

打发

蛋白打发：蛋白打起泡后，再将糖分2~3次加入打发。

蛋黄打发：制作法式海绵蛋糕时会将蛋黄加细砂糖以电动打蛋器搅拌至乳白色。蛋黄搅拌后，其所含油、水和拌入的空气可形成乳白浓稠状，增加其乳化作用。

全蛋打发：以整个鸡蛋，包括蛋白、蛋黄为原料，打发至蓬发状。

黄油打发：黄油软化后进行搅拌至体积膨松。

鲜奶油打发：最好选用铝箔包装或是桶装的液态鲜奶油来制作，金属灌装的鲜奶油使用上较方便，但质地粗糙，不适合拿来涂抹。

隔水打发：全蛋打发时，因为鸡蛋热后可减低其稠性，增加其乳化液的形成，加速与鸡蛋白、空气拌和，使其更容易起泡而膨胀。

清打法：亦称分蛋法，是指将鸡蛋白与鸡蛋黄分别搅打，待打发后，再合为一体的方法。

混打法：亦称全蛋法，是指鸡蛋白、鸡蛋黄与细砂糖一起搅打起发的方法。

释放气体

在面团上用刀口划开一些口子，释放出一些气体，以免面团过度膨大。

化学气泡

以化学蓬松剂为原料，使制品体积膨大的一种方法，常用的化学蓬松剂有碳酸氢钠和泡打粉。

生物气泡

利用酵母等微生物的作用，使制品体积膨大。

机械气泡

利用机械的快速搅拌，使制品充气而达到体积膨大的方法。

隔水溶化

将材料放在小一点的器皿中，再将器皿放在一个大一点的盛了热水的器皿中，隔水加热。

隔水烘焙或水浴

一般用于奶酪蛋糕的烘烤过程中，将奶酪蛋糕放在烤箱中烘烤时，要在烤盘中加入热水，再将蛋糕模具放在加了热水的烤盘中隔水烘烤。

烘焙百分比

以点心配方中面粉的比重为100%，其他各种原料的百分比是相对等于面粉的多少而言的，这种百分比的总量超过100%。

面粉的"熟化"

面粉在储存期间，空气中的氧气自动氧化面粉中的色素，并使面粉中的还原性氢团——硫氢键转化为双硫键，从而使面粉色泽变白，物理性能发生变化。

一次性发酵法

先将高筋面粉、白糖、酵母、改良剂、盐依次加入搅拌机慢速搅拌均匀。加入鸡蛋、清水慢速拌匀，转中速打至面筋展开。加入酥油，慢速拌匀后转中速。完成后的面团表面光滑，可拉成薄膜状。再慢速搅拌1分钟，让面筋稍作舒缓。面团搅拌完成后，让温度保持在26℃~28℃之间，松弛约15分钟。

过筛

较细的原材料在使用前需经过过筛去除杂质。

跑油

多指清酥面坯的制作及面坯中的油脂从水面皮层溢出。

室温软化

黄油因熔点低，一般冷藏保存，使用时需取出放于常温下软化。若急于软化，可将黄油切成小块或隔水加热，黄油软化至手指可轻压陷即可，且不可全部溶化。

倒扣脱模

一般用在戚风蛋糕中，或撒上面粉，可以使烤好的蛋糕更容易脱模。

PART 2
经典烘焙食品

DIY

一、面包

制作面包常识

面包定义

以小麦粉为主要原料做成面团，加以酵母、鸡蛋、油脂、果仁等，制作并加工烘焙而成的食品。

面包制作流程

面粉选择：选用高筋面粉，这是使面包组织细腻的关键之一。在没有高筋面粉的情况下，可以用中筋面粉中蛋白质含量最高的粉类来替用，作为权宜之计。

揉面：不同面包需要揉的程度不同，很多甜面包为了维持足够的松软，不需要太多面筋，揉到扩张阶段即可。而大部分吐司面包则需要揉到完全阶段。

面团制作：

A.冷水面团：亦称死面，指没有经过发酵的面，在面粉内加入适当比例冷水，依照个人需要揉成各种不同质感的面团。

B.烫面面团：用很烫的水和成的面团，分为半烫面面团和全烫面面团。烫面面团的筋性与加水温度有关，加入沸水的比例越大，和成的面团就越软，而成品越硬。

C.油酥面团：用油和面粉作为主要原料调制而成的面团。

面团饧发：把揉好的面团放到涂了油的盆里，盖上毛巾，让其饧发。面团饧发到约为原来的2倍大，通常需要45~180分钟。这取决于所添加酵母的量及温度，温度越高酵母生长越快。有些配方只需饧发一次，有些需要第一次饧发后再揉面使面团变小。故有的需要两次甚至更多次饧发。

整形：在最后一次饧发后，开始对面团进行整形，做成需要的造型后让面团静置60分钟，使其体积扩大为原来的两倍。

烘焙：将增大了的面团放入烤箱烘烤的过程。

保存：含有肉类的面包必须冷藏，硬壳面包不能放入塑料袋，而要放入纸袋。

面包的品鉴

体积膨胀过大会影响面包内部组织，使面包多孔而过于松软。

体积膨胀不够会使面包组织紧密，导致面包颗粒粗糙。

面包种类

按用途分为：

A.主食面包：佐以菜肴作为主食的面包，此类面包用料简单，主要有面粉、酵母、盐和水。质感上有脆皮型、软质型、半软质型、硬质型四种。

B.点心面包：除了有面包的基础原料，也加入各种辅料来增加口味。家庭制作的点心面包主要有夹馅面包、嵌油面包等。

按地域分为：

A.欧式面包：以德国、奥地利、法国、丹麦等国家的人常吃的面包为代表。

B.日式面包：日本风味面包。

C.台式面包：台湾地区面包综合了各地风味特色。

按做法分为：

A.发酵面包：发酵面包中含有气孔，发酵效果由酵母产生。

B.快速面包：快速面包的制作时间比发酵面包短。

C.调理面包：指烘焙前或后在面包表面或内部注入奶油、人造黄油、蛋白、可可、果酱等的面包（不包括加入水果、蔬菜及肉类的面包）。

实例操作

香橙餐包

原材料

高筋面粉1000克，酵母10克，改良剂5克，白糖220克， 盐10克， 橙皮10克， 鸡蛋200克， 奶油300克，清水300毫升，蛋黄200克，白芝麻适量。

制 作 步 骤

1.将面团分成每个30克的小份（面团的制作请参考第22~23页）。

2.用手轻轻搓圆至表面光滑。

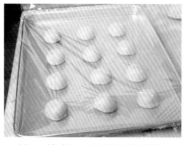

3.排入烤盘，覆盖保鲜膜松饬约15分钟。

4.将松饬完成的面团用擀面棍擀开，然后抹上奶油。

5.由上至下卷成橄榄形，捏紧收口。

6.排入烤盘后，放入发酵柜，以温度38℃、湿度70%作最后发酵。

7.发酵60分钟，至原来体积的2～3倍。

8.表面抹上鸡蛋液，撒上白芝麻后，入炉烘烤约14分钟即可。

经验之谈

扫蛋液后及时撒上白芝麻。

法式长棍

原材料

高筋面粉1800克，低筋面粉200克，酵母16克，改良剂6克，盐40克，清水1250毫升。

经验之谈

烘烤时要喷蒸汽。

制作步骤

1.将高筋面粉、低筋面粉、改良剂、酵母倒入搅拌缸中拌匀。

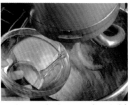
2.加入清水先用慢速拌匀后，再转快速搅拌至表面光滑。

3.加入盐慢速拌匀，再转快速搅拌约2分钟。

4.搅拌至可拉成均匀薄膜状即可。

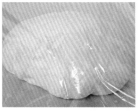
5.面团温度25℃时，整理成圆形并覆盖保鲜膜发酵40分钟。

6.将面团分割成每个300克。

7.由上至下卷起成长圆形。

8.排入烤盘，覆盖保鲜膜松饧约20分钟。

9.将松饧完成的面团用手拍扁排气。

10.由上而下将面团折起，收紧收口。

11.轻轻搓实至大小均匀。

12.排入长棍专用烤盘，放入发酵柜作最后发酵。

13.以温度38℃、湿度90%发酵至原体积的2～3倍大（约60分钟）。

14.发酵完成后，用割刀在面团表面割3刀。

15.刀口要均匀一致。如不用装饰即可入炉烘烤，以上火200℃、下火190℃，喷蒸汽10秒，约烘烤25分钟。

16.长棍成形。

汉堡面包

原材料

面团汉堡肉馅种面：高筋面粉700克，酵母4克，清水280毫升，鸡蛋50克。

主面团：高筋面粉300克，酵母4克，改良剂8克，白糖140克，盐36克，奶粉16克，奶油50克，清水180毫升。

汉堡肉馅：碎牛肉500克，鸡蛋150克，玉米淀粉50克，白糖20克，味精10克，盐10克，胡椒粉5克，五香粉3克，面粉50克，洋葱100克，面包糠300克，食用油适量。

辅材：色拉酱、火腿、生菜各适量。

制作步骤

1.先将种面部分的高筋面粉、酵母拌匀。

2.加入清水、鸡蛋拌匀转中速搅拌至面团卷起。

3.面团温度为25℃时，覆盖保鲜膜发酵约180分钟，至原来体积的3~4倍。

4.将发酵完成的面团与主面团的白糖、清水一起搅拌成糊状。

5.加入高筋面粉、改良剂、酵母、奶油慢速拌匀后转快速搅拌。

6.搅拌至表面光滑后加入奶油、盐慢速拌匀后转快速搅拌。

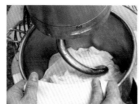

7.至面团用手可拉成均匀的薄膜状。

8.面团温度为28℃，覆盖保鲜膜发酵约20分钟。

9.将面团分成每个70克的小份，用手轻轻搓圆至表面光滑。

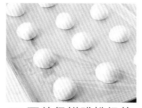

10.覆盖保鲜膜松饧约10分钟。

11.将松饧完成的面团用手压扁排气。

12.再次将面团搓圆至表面光滑、面团结实。

13.在表面粘上白芝麻，排入烤盘，放入发酵柜以温度38℃、湿度75%作最后发酵。

14.待面团发酵约80分钟，至原来体积的2~3倍，以上火200℃、下火190℃入炉烘烤约15分钟。

15.待烤熟的面包冷却后在侧面切两刀，每层挤上色拉酱。

16.在切开的每层面包中分别夹上火腿、生菜、汉堡肉馅即可。

汉堡肉馅制作步骤

1.将汉堡肉馅全部原料倒入盆中充分搅拌均匀。

2.将汉堡馅分成适当馅团的分量后粘上面包糠。

3.将粘上面包糠的汉堡馅压扁成圆形。

4.将食用油烧至170℃，放入汉堡馅炸熟即可。

经验之谈

碎牛肉需用热水洗净。

焦糖面包

原材料

面团：高筋面粉900克，白糖180克，盐9克，酵母15克，改良剂9克，鸡蛋90克，奶粉50克，奶油75克，清水500毫升。

焦糖皮：鸡蛋清80克，糖粉60克，杏仁粉120克，焦糖液30克。

焦糖馅：白糖32克，鲜奶油42克，干果84克，卡士达粉38克，清水105毫升，焦糖酱13克，提子干42克。

经验之谈

烘烤时注意上火温度。

制作步骤

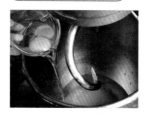

1. 将清水、白糖、鸡蛋加入搅拌缸内，用慢速搅拌至糖溶化。

2. 加入高筋面粉、酵母、改良剂、奶粉，用慢速拌匀后转快速搅拌。

3. 搅拌至表面光滑后加入奶油、盐，先用慢速拌匀，后转快速。

4. 搅拌约2分钟，至可用手拉成薄膜状。

5. 整理成圆形后放入烤盘，覆盖保鲜膜发酵20分钟，此时面团温度为28℃。

6. 将面团分成每个70克的小份。

7. 用手轻轻滚圆至表面光滑。

8. 放入烤盘，覆盖保鲜膜，松饧5分钟。

9. 将松饧完成的面团用手压扁排气。

10. 包入焦糖馅，收紧收口。

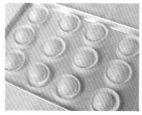

11. 套上纸杯，排入烤盘，放入发酵柜以温度38℃、湿度75％作最后发酵。

12. 发酵至原来体积的2~3倍后，在表面挤上焦糖皮。

13. 在表面撒上杏仁片或其他干果作装饰，入炉以上火200℃、下火190℃烘烤约18分钟即可。

奶酪菠萝面包

原材料

白糖1250克，奶粉50克，食粉20克，臭粉20克，低筋面粉1500克，鸡蛋175克，猪油700克，清水125毫升，泡打粉15克，黄色色素适量，奶酪片适量。

经验之谈

菠萝皮不可太厚。

制作步骤

1.将面团分成每个60克的小份（面团的制作参考第39页步骤1~7）。

2.用手轻轻搓圆至表面光滑。

3.覆盖保鲜膜松饧约10分钟。

4.将松饧完成的面团用手压扁排气。

5.再次将面团搓圆。

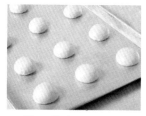

6. 排入烤盘后，放发酵柜以温度38℃、湿度75%作最后发酵。

7.面团发酵至原来体积的2~3倍。

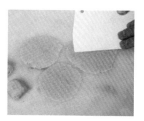

8.将菠萝皮分成每个约30克的小份，用刮刀将菠萝皮压成薄片。

9.盖在饧发完成的面团上。

10.表面抹上鸡蛋液后入炉以上火190℃、下火190℃烘烤约18分钟。

11.待面包冷却后从侧面切开。

12.在切口处夹上一片奶酪即可。

菠萝皮制作步骤

1.将白糖、奶粉、食粉、臭粉一起拌匀。

2.加入鸡蛋、清水、猪油、黄色色素拌匀。

3.加入低筋面粉、泡打粉拌匀即可。

意大利牛肉面包

原材料

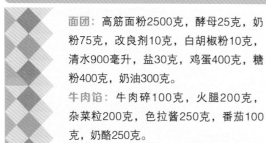

面团：高筋面粉2500克，酵母25克，奶粉75克，改良剂10克，白胡椒粉10克，清水900毫升，盐30克，鸡蛋400克，糖粉400克，奶油300克。

牛肉馅：牛肉碎100克，火腿200克，杂菜粒200克，色拉酱250克，番茄100克，奶酪250克。

经验之谈

碎牛肉需用热水洗净。

制作步骤

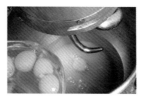

1. 将糖粉、清水、鸡蛋一起拌至糖溶化。

2. 加入高筋面粉、酵母、奶粉、改良剂、白胡椒粉，慢速拌匀后转快速。

3. 搅拌至表面稍为光滑后加入奶油、盐先慢后快搅拌。

4. 搅拌至面筋完全扩展，用手可拉成均匀薄膜状。

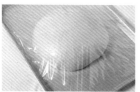

5. 面团温度27℃、湿度75%时覆盖保鲜膜，发酵约30分钟。

6. 将面团分成每个40克的小份，用手轻轻搓圆至表面光滑。

7. 覆盖保鲜膜松饧约10分钟。

8. 将松饧完成的面团擀开。

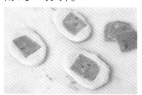

9. 放上一片大小适合的火腿。

10. 由上而下卷成橄榄形，捏紧收口。

11. 在面团表面剪一刀。

12. 三个一组放入相应的模具，排入烤盘，放入发酵柜以温度38℃、湿度75%作最后发酵。

13. 面团发酵至模具的八成满。

14. 在面团表面抹上鸡蛋液。

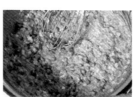

15. 将全部牛肉馅材料拌匀。

16. 在面团上放牛肉馅后入炉烘烤约23分钟即可。

蔓越莓吐司

原材料

高筋面粉1000克，白糖180克，盐10克，酵母15克，改良剂10克，鸡蛋100克，奶粉60克，鲜奶500毫升，鲜奶香精10克，奶油100克，蔓越莓、酥粒各适量。

经验之谈

出炉后立即脱模。

制作步骤

1.将白糖、鲜奶、鸡蛋一起搅拌至糖溶化。

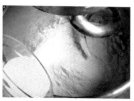

2.加入高筋面粉、酵母、改良剂、奶粉、鲜奶香精慢速拌匀后转快速。

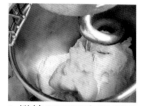

3.搅拌至面团表面光滑后，加入奶油、盐慢速拌匀后转快速。

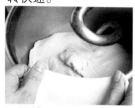

4.搅拌至面筋用手可拉成均匀薄膜状。

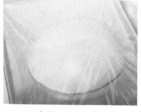

5.覆盖保鲜膜以温度27℃发酵约30分钟。

6.将面团分成每个75克的小份。

7.用手搓圆至表面光滑。

8.覆盖保鲜膜松弛约10分钟。

9.将松弛完成的面团擀开。

10.均匀撒上蔓越莓。

11.由上而下将面团卷成橄榄形。

12.将面团搓成长条形，然后两端对接。

13.将造型完成的面团排入刷上奶油的模具内，排入烤盘，放入发酵柜以温度38℃、湿度75%作最后发酵。

14.面团发酵至模具的八分满。

15.表面抹上鸡蛋液，撒上酥粒后入炉以上火190℃、下火180℃烘烤约25分钟。

16.蔓越莓吐司成形。

种子吐司

原材料

高筋面粉1800克，全麦粉200克，杏仁50克，红糖180克，盐30克，奶粉40克，葵花子仁50克，咖啡粉10克，酵母30克，奶油100克，芝麻50克，清水1200毫升，改良剂5克，核桃仁50克，燕麦片适量。

经验之谈

加入干果后搅拌时间不可太长。

制作步骤

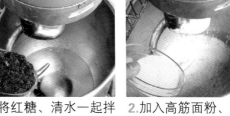

1. 将红糖、清水一起拌至糖溶化。

2. 加入高筋面粉、全麦粉、奶粉、咖啡粉、酵母、改良剂慢速拌匀后转快速。

3. 搅拌至面团扩展后加入奶油，先慢后快搅拌。

4. 搅拌至面团完全扩展。

5. 加入杏仁、葵花子仁、芝麻、核桃仁慢速拌匀。

6. 面团温度27℃时，覆盖保鲜膜常温发酵30分钟。

7. 将面团分成每个175克的小份。

8. 用手将面团轻轻搓圆。

9. 覆盖保鲜膜松弛约10分钟。

10. 将相应的模具刷上牛油。

11. 将松弛完成的面团擀开。

12. 由上而下搓成长条形。

13. 在表面粘上燕麦片。

14. 两条一组放入相应模具，排入烤盘，放入发酵柜作最后发酵。

15. 以温度38℃、湿度75%发酵至约模具的九分满。

16. 入炉以上火200℃、下火190℃烘烤约25分钟即可。

黄金吐司

原材料

面团：高筋面粉1000克，盐12克，白糖80克，酵母10克，改良剂5克，酥油120克，鸡蛋180克，鲜奶油100克，清水430毫升，种面300克，黄金酱、酥粒各适量。

金薯馅：熟红薯泥750克，白糖75克，奶粉50克，奶油50克。

经验之谈

红薯泥需蒸熟方可拌匀。

制作步骤

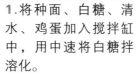

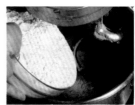

1.将种面、白糖、清水、鸡蛋加入搅拌缸中，用中速将白糖拌溶化。

2.加入高筋面粉、酵母、改良剂，慢速拌匀后转快速搅拌至表面光滑。

3.加入奶油、盐，慢速拌匀后转快速搅拌约3分钟。

4.搅拌至面筋扩展，用手可拉成薄膜状。

5.整理成圆形放入烤盘，覆盖保鲜膜发酵约30分钟，此时面团温度为26℃。

6.将面团分成每个100克的小份，用手轻轻搓圆至表面光滑。

7.排入烤盘后盖上保鲜膜，松饧约15分钟。

8.将松饧完成的面团用擀面棍擀开，抹上金薯馅。

9.从上至下卷成长条形，长度与模具的宽度一致。

10.均匀排入已刷油的模具内，放入发酵柜以温度38℃、湿度80%作最后发酵，至约模具的九分满。

11.在表面抹上鸡蛋液，每个面团中间划一刀。

12.在刀口上撒上酥粒。

13.挤上黄金酱后入炉烘烤约25分钟。

14.黄金吐司成形。

富士1号

原材料

面团： A：高筋面粉700克，酵母8克，清水400毫升；
B：高筋面粉300克，酵母2克，改良剂6克，盐13克，糖粉180克，奶粉40克，奶香粉6克，鸡蛋60克，鲜奶100克，清水80毫升，奶油80克。

柠檬皮： 鸡蛋200克，白糖90克，低筋面粉200克，奶香粉1克，柠檬果酱90克。

辅材： 蜜豆粒适量。

经验之谈

柠檬皮加入面粉搅拌时间不可太长。

制作步骤

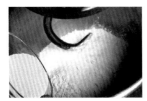

1.将A部分的高筋面粉、酵母一起拌匀。

2.加入清水慢速拌匀。

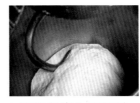

3.面团温度为25℃时，搅拌至面团稍光滑。

4.覆盖保鲜膜常温发酵约3小时。

5.将发酵完成的面团与B部分的糖粉、鲜奶、清水、鸡蛋一起搅拌。

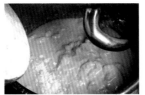

6.搅拌至糊状后加入高筋面粉、酵母、改良剂、奶粉、奶香粉，慢速拌匀后转快速。

7.搅拌至面团稍光滑后加入奶油、盐，先慢速拌匀后转快速。

8.搅拌至面筋扩展，用手可拉成均匀薄膜状。

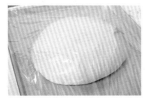

9.面团温度为27℃时，覆盖保鲜膜常温发酵30分钟。

10.将面团分成每个100克的小份，将面团用手轻轻搓圆至表面光滑。

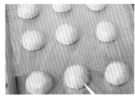

11.覆盖保鲜膜松饧约10分钟。

12.将松饧完成的面团用手拍扁排气。

13.包入蜜豆粒，捏紧收口。

14.排入烤盘后，放入发酵柜以温度38℃、湿度75%作最后发酵，至原体积的2～3倍。

15.表面挤上柠檬皮后入炉烘烤约18分钟。

16.表面撒上糖粉装饰即可。

柠檬皮制作步骤

1.将白糖、鸡蛋液拌匀。

2.加入低筋面粉、奶香粉拌匀。

3.加入柠檬果酱拌匀即可。

北欧牛奶核桃面包

原材料

种面：高筋面粉1400克，酵母30克，鲜奶1000毫升。

主面：核桃碎100克，高筋面粉600克，奶粉80克，糖粉100克，清水300毫升，盐35克，奶油200
克，改良剂10克。

制作步骤

1.将种面材料中的高筋面粉、酵母一起拌匀。

2.加入牛奶搅拌至成团，再转快速拌至面团离缸即可。

经验之谈

核桃要先捣成碎粒。

3.面团温度25℃时，覆盖保鲜膜发酵180分钟，至原来体积的3～4倍即可。

4.将种面的面团及主面材料中的清水、糖粉一起拌至白糖溶化。

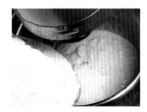

5.加入高筋面粉、奶粉、改良剂慢速拌匀后转快速。

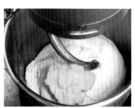

6.搅拌至面筋扩展后加入奶油、盐，先慢后快搅拌。

7.将面团搅拌至面筋完全扩展即可。

8.面团温度27℃时，覆盖保鲜膜常温发酵约30分钟。

9.将面团分成每个60克的小份，用手将面团轻轻搓圆。

10.覆盖保鲜膜松弛约10分钟。

11.将松弛完成的面团压扁排气。

12.由上而下将面团卷起成橄榄形。

13.用擀面棍再次擀开。

14.将面团再次卷起。

15.把相应的模具抹上牛油，粘满核桃碎。

16.将造型完成的面团放入模具后放入发酵柜发酵。

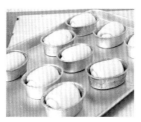

17.以温度38℃、湿度75%发酵至原面团的2～3倍即可入炉烘烤。

18.以上火170℃、下火200℃烘烤约18分钟即可。

蜜豆鲜奶包

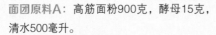

原材料

面团原料A： 高筋面粉900克，酵母15克，清水500毫升。

面团原料B： 白糖260克，蜂蜜53克，清水185毫升，鸡蛋150克，奶粉53克，高筋面粉600克，改良剂5克，盐15克，奶油128克，鲜奶53毫升。

蜜豆鲜奶馅： 鲜奶180毫升，鸡蛋50克，低筋面粉20克，淀粉23克，奶油25克，蜜豆235克。

辅料： 瓜子仁适量。

经验之谈

原料要搅拌均匀，煮成糊状才均匀美观。

制作步骤

1.制作面团：将A面团原料混合搅拌均匀。

2.用保鲜膜封好静置饧发。

3.将前面做好的面团放入搅拌器内，逐个加入B面团原料搅拌。

4.搅拌至可拉成薄膜状。

5.用保鲜膜封好饧发。

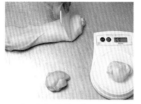

6.切割成每个65克的小面团。

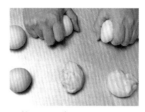

7.将面团滚圆。

8.用保鲜膜封好，备用。

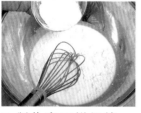

9.制作蜜豆鲜奶馅：将鲜奶、低筋面粉、淀粉拌匀。

10.加入鸡蛋拌匀。

11.加入奶油、蜜豆拌匀。

12.煮成糊状静置，备用。

13.将每个65克的小面团用手压扁，排出里面的空气。

14.放入蜜豆鲜奶馅。

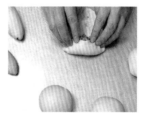

15.卷起成型。

16.放入发酵箱饧发90分钟左右，温度为38℃、湿度为75%。

17.面团发酵至原来体积的3倍左右。

18.挤上奶油面糊（制作请参考第73页步骤1~2）。

19.撒上瓜子仁，入炉烘烤15分钟左右。

20.出炉成形。

薯香调理面包

原材料

面团：高筋面粉560克，低筋面粉40克，糖粉120克，盐6克，酵母10克，改良剂3克，鸡蛋60克，奶粉30克，清水220毫升，奶油50克。

薯饼：熟马铃薯250克，洋葱碎50克，猪肉碎100克，盐5克，胡椒粉10克，糖粉10克，鲜奶油40克，玉米粒75克，蛋黄液、食用油各适量。

辅料：生菜、番茄酱各适量。

制作步骤

1.将糖粉、清水、鸡蛋一起搅拌至糖粉溶化。

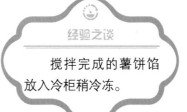

2.加入高筋面粉、低筋面粉、酵母、改良剂、奶粉慢速拌匀后转快速搅拌。

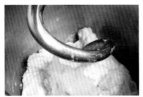

3.搅拌至面筋扩展后加入奶油、盐慢速拌匀后转快速搅拌。

4.搅拌至面筋完全扩展。

5.面团温度为27℃时，覆盖保鲜膜发酵约30分钟。

6.将面团分成每个60克的小份，用手将面团轻轻搓圆。

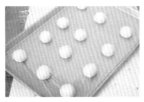

7.覆盖保鲜膜后松饧约10分钟。

8.将松饧完成的面团拍扁排气。

9.将面团由上而下搓成橄榄形。

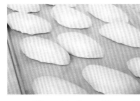

10.排入烤盘，放入发酵柜以温度38℃、湿度75%作最后发酵，发酵至原来体积的2~3倍。

11.表面抹上鸡蛋液后入炉烘烤约15分钟。

12.待烘熟的面包冷却后从侧面切开，夹入薯饼、生菜装饰。

13.挤上番茄酱即可。

薯饼制作步骤

1.将薯饼全部原料混合，充分搅拌均匀。

2.将搅拌完成的薯饼馅粘上面粉。

3.压扁成圆形，再粘上蛋黄液。

4.将食用油烧至170℃后放入薯饼，炸至两面金黄色即可。

欧风水果面包

原材料

高筋面粉1000克，欧风香粉25克，酵母15克，改良剂5克，白糖180克，盐8克，香精20克，鸡蛋100克，奶油120克，清水500毫升，卡士达馅、水蜜桃各适量。

经验之谈

水果也可以出炉后加上。

制作步骤

1. 将白糖、鸡蛋、香精、清水一起搅拌至白糖溶化。

2. 加入高筋面粉、欧风香粉、改良剂、酵母，用慢速拌匀后转快速搅拌。

3. 搅拌至表面光滑加入奶油、盐，用慢速拌匀后转快速搅拌。

4. 搅拌至用手可拉成均匀薄膜状。

5. 当面团温度为27℃时，整理后覆盖保鲜膜发酵约20分钟。

6. 将面团分成每个70克的小份，用手轻轻搓圆至表面光滑。

7. 覆盖保鲜膜松弛约10分钟。

8. 松弛完成的面团用擀面棍擀开。

9. 由上至下卷成长条。

10. 用两手轻轻向左右搓长。

11. 将面团从内至外卷成圆圈状。

12. 放入纸杯模具排入烤盘，然后放入发酵柜以温度38℃、湿度75%作最后发酵。

13. 待面团发酵约60分钟，至原来体积的2~3倍即可。

14. 在表面抹上蛋黄液。

15. 在中间挤上卡士达馅。

16. 在中间放一小块水蜜桃后入炉烘烤约18分钟即可。

二、蛋糕

制作蛋糕常识

蛋糕定义

以鸡蛋、白糖、小麦粉为主要原料，以牛奶、果汁、奶粉、香粉、色拉油、水、起酥油、泡打粉为辅料，经过搅拌、调制、烘烤后制成的一种西点。

蛋糕种类

根据原料、调混合面糊性质可以分为：

A.面糊类蛋糕

B.乳沫类蛋糕

C.戚风类蛋糕

新兴蛋糕类型：

A.芝士蛋糕

B.慕斯蛋糕

蛋糕制作流程

戚风打法：先将蛋清和蛋黄分开，在蛋清当中加入白糖打匀。蛋黄则加其他液态材料，如液体奶油、色拉油等进行搅拌。然后在蛋黄搅拌液体中加入面粉，形成的面团再和蛋清搅拌液体混合。

海绵打法：亦称全蛋打法，全蛋与糖一起搅拌至浓稠，呈乳白色且勾起乳沫约2秒才滴下，再拌入其他液态材料及粉类。

天使蛋糕法：蛋白加塔塔粉打发泡，分次加入1/2糖搅拌至湿性发泡（不可搅至干性），面粉加1/2糖过筛后加入拌匀至吸收。

实例操作

白雪蛋糕

原材料

鲜奶400毫升，食用油100毫升，饼粉550克，泡打粉10克，蛋清1190克，白糖450克，盐8克，塔塔粉15克，果酱、奶油各适量。

制作步骤

1. 将鲜奶、食用油、饼粉、泡打粉、蛋清390克混合搅拌。

2. 搅拌至完全纯滑备用。

3. 将蛋清800克、白糖、食盐、塔塔粉混合搅拌至糖溶化。

4. 先慢后快打发至鸡尾状。

5. 分次与步骤2的面粉糊拌匀成面糊。

6. 将面糊倒入已垫白纸的烤盘内抹平，入炉烘烤30分钟。

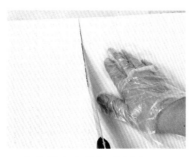

7. 晾凉后去皮分切成两半。

8. 抹上果酱或奶油后叠起，分切成小块即可。

经验之谈

注意表皮着色不要太深。

波特蛋糕

原材料

黑色面糊: 奶油40克, 可可粉15克, 糖粉30克, 低筋面粉30克, 蛋清120克。

表皮面糊: 鸡蛋150克, 糖粉50克, 低筋面粉100克, 蛋清120克, 白糖50克, 塔塔粉1克, 果酱适量。

戚风蛋糕体: 清水400毫升, 食用油350毫升, 白糖80克, 低筋面粉650克, 淀粉100克, 奶香粉5克, 泡打粉8克, 蛋黄450克, 蛋清1300克, 白糖100克, 盐7克, 塔塔粉20克, 果色香油适量。

经验之谈

此装饰皮可以制作多个款式的蛋糕。

制作步骤

1.将黑色面糊原料的奶油加热熔化，然后，倒入可可粉、糖粉、低筋面粉后，搅拌均匀。

2.倒入蛋清调节面糊软硬度。

3.将黑面糊倒入耐高温布中，用三角刮板刮花纹备用。

4.将表皮面糊的鸡蛋、糖粉、低筋面粉搅拌至无颗粒状备用。

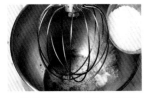

5.将蛋清、白糖、塔塔粉搅拌至中性发泡。

6.分次将步骤5的蛋清面糊和步骤4的鸡蛋面糊拌匀。

7.倒入已刮花纹备用的黑色面糊上抹平，入炉烘烤10分钟，即成波特皮。

8.在戚风蛋糕体抹上果酱卷起。

9.波特皮也抹上果酱。

10.把卷起成形的蛋糕体用装饰皮卷起包裹。

11.静置成形后分切成小件。

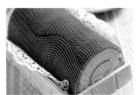

12.产品完成。

戚风蛋糕体制作步骤

1.将清水、食用油、白糖混合搅拌至白糖溶化。

2.放入低筋面粉、淀粉、奶香粉、泡打粉搅拌至无颗粒状。

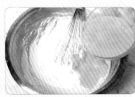

3.加入蛋黄拌匀备用。

4.取一半面糊放入果色香油拌匀备用。

5.将蛋清、白糖、盐、塔塔粉混合以中速拌至白糖溶化。

6.快速拌打至中性发泡呈鸡尾状。

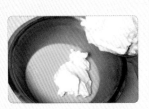

7.分次与步骤4的面糊混合拌匀。

8.倒入已垫纸的烤盘抹平，入炉烘烤25分钟。

红茶蛋糕

原材料

清水180毫升，食用油180毫升，糖粉80克，低筋面粉300克，淀粉50克，泡打粉5克，红茶末30克，蛋黄250克，蛋清650克，白糖300克，塔塔粉8克，食盐6克。

经验之谈

最好用袋装红茶包里的茶末，口感较好。

制作步骤

1.将清水、食用油、糖粉、低筋面粉、淀粉、泡打粉、红茶末混合搅拌至无颗粒状。

2.加入蛋黄，搅拌至纯滑后备用。

3.将蛋清、白糖、塔塔粉、食盐混合，先慢后快拌打至鸡尾状。

4.分次与步骤2的蛋黄糊混合搅拌至均匀。

5.倒入已垫纸的烤盘内。

6.抹平入烤炉，以上火190℃、下火180℃烘烤约25分钟。

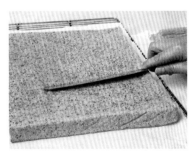

7.出炉晾凉后分切成两半，抹上果酱。

8.将另一半叠起，成两层。

9.分切成小块即可。

白兰地蛋糕

原材料

鸡蛋1500克，白糖750克，盐5克，低筋面粉620克，高筋面粉250克，奶香粉5克，泡打粉5克，蛋糕油70克，鲜奶120毫升，水果罐头糖水120毫升，食用油300毫升，白兰地80毫升。

制作步骤

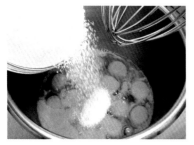

1.将鸡蛋、白糖、盐混合，搅拌至糖溶化。

2.加入低筋面粉、高筋面粉、奶香粉、泡打粉、蛋糕油，先慢后快拌打至体积增至原来的3倍左右。

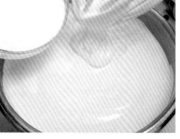

3.慢慢加入鲜奶、水果罐头糖水、食用油、白兰地，边加入边搅拌至完全混合。

4.将拌好的面糊倒入已垫纸的特制木烤盘内。

5.用刮板将表面抹平。

6.入炉以上火200℃、下火190℃烘烤25分钟。

7.出炉待冷却后分切成长条状。

8.再分切成小长方体状即可。

经验之谈

倒入烤盘时只需八分满即可。

绿茶海绵蛋糕

原材料

鸡蛋1200克，白糖500克，蜂蜜100毫升，高筋面粉310克，低筋面粉310克，泡打粉6克，绿茶粉18克，蛋糕油40克，鲜奶120毫升，食用油300毫升。

经验之谈

表皮着色不要太重，去皮时比较自然。

制作步骤

1.将鸡蛋、白糖、蜂蜜混合搅拌至糖溶化。

2.加入高筋面粉、低筋面粉、泡打粉、绿茶粉、蛋糕油搅拌，先慢后快拌打至起发。

3.转中速分次加入鲜奶和食用油拌匀成面糊。

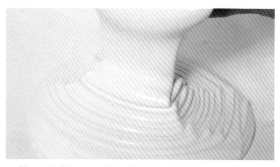

4.将面糊倒入已垫纸的烤盘抹平，入炉以上火190℃、下火180℃烘烤30分钟。

5.晾凉后将表皮去掉，分切成两半。

6.用果酱或奶油将两半蛋糕叠起分切即可。

香酥蛋糕

原材料

鸡蛋165克，白糖120克，食盐2克，低筋面粉120克，奶粉20克，奶香粉2克，泡打粉3克，食用油100毫升，香酥粒适量。

制作步骤

1. 将鸡蛋、白糖、盐混合搅拌至白糖溶化。

2. 加入低筋面粉、奶粉、奶香粉、泡打粉，搅拌至无颗粒状。

3. 将食用油加入拌匀。

4. 边加入边搅拌至完全混合均匀。

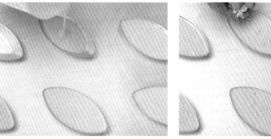

5. 面糊拌好后倒入模具内，约八分满。

6. 在表面撒上香酥粒。

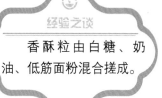

经验之谈

香酥粒由白糖、奶油、低筋面粉混合搓成。

7. 入炉以上火200℃、下火190℃烘烤25分钟，至熟透后出炉脱模即可。

寿司蛋糕

原材料

蛋糕体：蛋黄1500克，鸡蛋300克，白糖550克，低筋面粉100克，玉米粉150克，酥油100毫升。

馅料：黄瓜条、熟火腿丝、奶酪丝、肉松各适量。

制作步骤

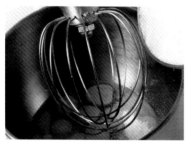

1. 将蛋黄、鸡蛋、白糖混合搅拌至糖溶化。

2. 加入低筋面粉、玉米粉先慢后快拌打至起发。

3. 放入酥油稍拌匀。

4. 倒入已垫纸的烤盘抹平，入炉烘烤25分钟。

5. 出炉后晾凉。

6. 将蛋糕体分切小块，均匀加入所有馅料。

7. 卷起成条状后分切。

8. 产品成形。

经验之谈

可以用紫菜包裹蛋糕，口感更佳。

火焰蛋糕

鸡蛋170克，白糖135克，蜂蜜20毫升，盐2克，低筋面粉170克，泡打粉4克，奶香粉1克，小苏打1克，食用油150毫升，杏仁片适量。

制 作 步 骤

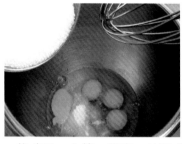

1.将鸡蛋、白糖、蜂蜜、盐混合搅拌至白糖溶化。

2.加入低筋面粉、泡打粉、奶香粉、小苏打搅拌至无颗粒状。

3.将食用油边加入边搅拌。

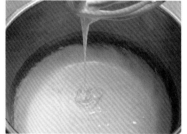

4.至完全混合均匀。

5.面糊拌好后，倒入模具中，约八分满。

6.在表面撒上杏仁片作装饰。

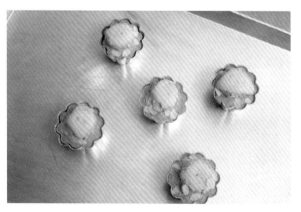

7.入炉以上火160℃、下火140℃烘烤25分钟，至熟透后出炉脱模即可。

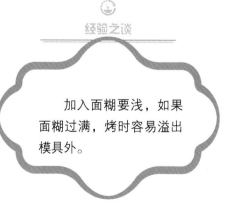

经验之谈

加入面糊要浅，如果面糊过满，烤时容易溢出模具外。

香妃蛋糕

原材料

蛋糕体：A：清水400毫升，食用油350毫升，白糖70克；B：低筋面粉650克，淀粉100克，奶香粉6克，泡打粉8克；C：蛋黄500克；D：蛋清1300克，白糖650克，盐7克，塔塔粉15克。

香妃皮：A：清水300毫升，塔塔粉5克，白糖180克；B：低筋面粉120克，淀粉30克；C：椰蓉适量。

辅料：红蜜豆、果酱适量。

制作步骤

1.制作蛋糕体:将蛋糕体A原料混合搅拌至糖溶化，然后加入B原料搅拌至无颗粒状。

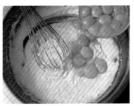

2.加入蛋糕体C原料搅拌至均匀纯滑。

3.将拌好的面糊倒在干净的不锈钢盆中。

4.加入适量红蜜豆拌匀备用。

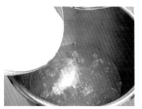

5.将蛋糕体D原料混合，先慢后快搅拌。

6.拌打成硬性泡沫状蛋白霜。

7.分次与面糊混合拌至均匀。

8.将完全拌好的面糊倒入已垫好纸的烤盘中，抹平入炉烘烤。

9.烤熟后出炉，待冷却后即可使用，至此，蛋糕体制作完成。

10.制作香妃皮：将香妃皮A原料混合，先慢后快搅拌。

11.拌打成起鸡尾状的蛋白霜。

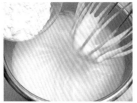

12.加入香妃皮B原料，迅速拌至完全均匀。

13.将拌好的面糊倒入已垫纸的烤盘中抹平。

14.撒上C原料椰蓉，入炉以上火170℃、下火130℃烘烤。

15.烤至浅金黄色后出炉冷却。

16.先将备好的蛋糕体切成三小块。

17.将冷却好的香妃皮分切成同等分量的三块。

18.将香妃皮表面放置向下，背面抹上果酱。

19.铺上分切好的蛋糕体，在表面抹上果酱。

20.再铺一块蛋糕体以达到一定厚度。

21.用香妃皮将蛋糕包裹成方形长条。

22.静置成形后分切成小件即可。

经验之谈

蛋糕卷起的时候须用力，以避免松散。

甜筒蛋糕

原材料

外皮：清水75毫升，蛋黄300克，低筋面粉200克，淀粉50克，奶香粉5克，蛋清450克，白糖250克，塔塔粉15克，盐2克，椰蓉适量。

内馅：奶油、白糖浆、黑巧克力各适量。

辅料：果酱、彩色巧克力针适量。

经验之谈

最好彻底晾凉后再卷成筒形。

外皮制作步骤

1.将清水、蛋黄、低筋面粉、淀粉、奶香粉拌匀备用。

2.将蛋清、白糖、塔塔粉、盐混合搅拌打至鸡尾状。

3.将步骤2的蛋清糊分次与步骤1的蛋黄糊拌匀。

4.装进裱花袋里，挤出成形。

5.撒上椰蓉，入炉烘烤20分钟左右。

6.出炉后翻转抹上果酱。

7.卷起成筒形。

内馅制作步骤

1.将奶油打发后加入白糖浆调匀。

2.将打好的奶油馅挤入卷好的蛋糕筒内。

3.将黑巧克力隔清水加热熔化。

4.将熔化的黑巧克力淋在已挤好的奶油上。

5.用彩色巧克力针装饰即可。

黄金蜂蜜蛋糕

原材料

鸡蛋2100克，白糖1000克，低筋面粉1200克，泡打粉18克，蛋糕油90克，蜂蜜300毫升，鲜奶600毫升，食用油600毫升。

经验之谈

注意炉温和糕体熟度。
此蛋糕可制作起酥蛋糕。

制作步骤

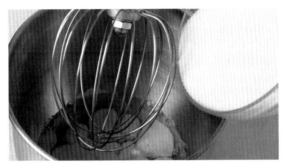

1.将鸡蛋、白糖混合搅拌至白糖溶化。

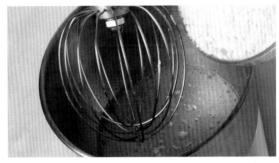

2.加入低筋面粉和泡打粉搅拌至无颗粒状。

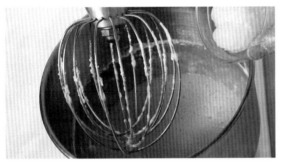

3.加入蛋糕油先慢后快至打发。

4.转中速放入蜂蜜、鲜奶、食用油稍拌匀。

5.将面糊倒入木框烤盘中抹平。

6.入炉以上火180℃、下火120℃烘烤75分钟左右即可。

黄金相思蛋糕

原材料

蛋黄280克，鸡蛋50克，白糖40克，低筋面粉50克，食用油30毫升，芋色香油、果酱各适量。

制 作 步 骤

1.制作黄金皮：将蛋黄、鸡蛋、白糖混合，先慢后快搅拌。

2.拌打至体积增至原来的3倍左右，再加入低筋面粉。

3.中速拌至无颗粒状后，加入食用油拌匀。

4.将面糊倒入已垫纸的烤盘里。

5.取少量面糊加入适量芋色香油调匀。

6.面糊抹平后，再对面糊装饰，入炉，以上火180℃、下火180℃烘烤15分钟至浅金黄色。

7.出炉待冷却后，分切成等份的两小块。

8.将预先备好的蛋糕体也分切成小块，与黄金皮小块匹配。

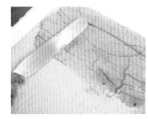
9.黄金皮表面向下，背面抹上果酱。

10.将蛋糕体铺上，并抹上果酱。

11.然后卷成条状，静置成形。

12.待成形后分切成小块即可。

虎纹双色蛋糕

原 材 料

戚风蛋糕体：清水400毫升，食用油350毫升，白糖80克，低筋面粉650克，淀粉100克，奶香粉5克，泡打粉8克，蛋黄450克，蛋清1300克，白糖100克，盐7克，塔塔粉20克，果色香油适量。

虎纹装饰皮：蛋黄300克，白糖150克，盐4克，低筋面粉50克，食用油30毫升，果酱适量。

经验之谈

烘烤时上火要稍高，斑纹才均匀。

戚风蛋糕体制作步骤

1.将清水、食用油、白糖混合搅拌至白糖溶化。

2.放入低筋面粉、淀粉、奶香粉、泡打粉搅拌至无颗粒状。

3.加入蛋黄拌匀备用。

4.取一半面糊放入果色香油拌匀备用。

5.将蛋清、白糖、盐、塔塔粉混合以中速拌至白糖溶化。

6.快速拌打至中性发泡呈鸡尾状。

7.分次与步骤4的面糊混合拌匀。

8.倒入已垫纸的烤盘抹平，入炉烘烤25分钟。

虎纹装饰皮制作步骤

1.将蛋黄、白糖、盐混合先慢后快打发。

2.转中速加入低筋面粉，搅拌至无颗粒状。

3.倒入食用油稍拌匀。

4.倒入已垫白纸的烤盘抹平，入炉烘烤10分钟。

5.将原色与调色的蛋糕体分切小块，抹果酱叠齐。

6.在晾凉后的虎纹皮上抹上果酱。

7.将叠好的蛋糕体放齐，用虎纹皮包起。

8.静置成形后分切即可。

焦糖布丁蛋糕

原 材 料

焦糖层：A：清水15毫升，白糖70克；B：清水240毫升，白糖70克，果冻粉9克。

布丁层：A：清水150毫升，鲜奶150毫升，白糖110克；B：鸡蛋300克。

蛋糕层：A：清水60毫升，食用油100毫升，鲜奶90毫升；B：低筋面粉130克，淀粉20克；C：蛋黄90克；D：蛋清170克，白糖90克，塔塔粉3克，盐2克。

 经验之谈

必须在焦糖先凝固后才加入布丁，隔水烘烤不让底温过高，脱模前须完全冷却。

制 作 步 骤

1.将焦糖层A原料混合，大火加热煮成焦煳色后加入B原料，用小火煮开。

2.煮好后过筛。

3.将过筛后的焦糖倒入模具，冷却后备用。

4.将布丁层A原料混合搅拌至糖溶化。

5.倒入B原料搅拌至完全混合。

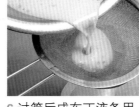

6.过筛后成布丁液备用。

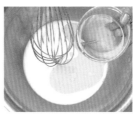

7.将蛋糕层A原料混合，拌至均匀。

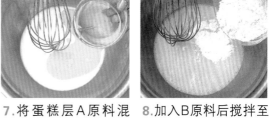

8.加入B原料后搅拌至无颗粒状。

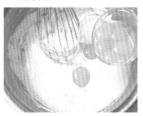

9.加入C原料搅拌至纯滑成面糊备用。

10.将D原料混合，先慢后快搅拌。

11.拌打成硬性起鸡尾状的蛋白霜。

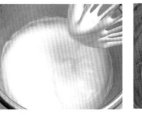

12.分次与面糊拌至完全均匀成蛋糕面糊。

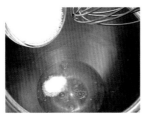

13.将布丁液倒入已凝固有焦糖果冻的模具内。

14.加入蛋糕面糊。

15.烤盘内加入清水约1000毫升。

16.入炉以上火150℃、下火150℃烘烤45分钟，至熟透后出炉，待冷却后脱模即可。

芒果慕斯

原材料

巧克力蛋糕体1块，芒果150克，柠檬汁2毫升，吉利丁8克，白糖50克，牛奶80毫升，乳脂奶油200克，香橙果膏、巧克力棒各适量。

经验之谈

挑选芒果以金黄色、散发出自然清香的质量为佳。

制作步骤

1. 锅内倒入牛奶，加入白糖拌匀。

2. 加热至45℃，搅拌至白糖溶化，再加入用冰水泡软的吉利丁拌匀。

3. 将芒果榨成果泥，备用。

4. 锅中放入打至六成发的乳脂奶油，加入步骤3的混合物拌匀。

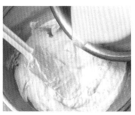

5. 将步骤2的混合物分次加入步骤4的混合物中拌匀。

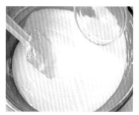

6. 加入柠檬汁拌匀。

7. 用裱花袋将拌好的慕斯挤入模具中至一半满，放上一块比模具小一圈的蛋糕体。

8. 挤入剩余的慕斯，铺上一块跟模具大小一致的蛋糕体，封上保鲜膜，放入-10℃的冰柜冷冻4小时左右。

9. 将脱模的慕斯放在硬纸垫上，准备装饰。

10. 在慕斯表面淋上一层香橙果膏。

11. 在慕斯表面放上一块芒果丁。

12. 放上一条巧克力棒。

13. 插上一张纸牌。

14. 装饰完成。

榴莲慕斯

原材料

巧克力蛋糕体1块，奶油乳酪100克，白糖35克，酸奶50克，榴莲80克，吉利丁6克，乳脂奶油200克，柠檬汁2毫升，透明果胶、枇杷、巧克力棒各适量。

经验之谈

若不习惯榴莲的气味，可将榴莲的分量减半。

制作步骤

1.锅内倒入牛奶，加入白糖拌匀。

2.加热至45℃，搅拌至白糖溶化，加入用冰水泡软的吉利丁拌匀。

3.将榴莲放入量杯中，加入柠檬汁。

4.用榨汁机榨成果泥，备用。

5.将步骤2的混合物分次加入到软化的奶油乳酪中拌匀，备用。

6.锅内放入打至六成发的乳脂奶油，加入步骤4的混合物，拌匀。

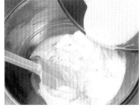

7.将步骤5的混合物分次加入到步骤6的混合物中拌匀。

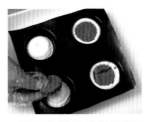

8.用裱花袋将拌好的慕斯挤入模具中至一半满，放入一块比模具小一圈的蛋糕体。

9.将剩余的慕斯挤入模具内，放上一块跟模具大小一致的蛋糕体，封上保鲜膜，放入–10℃的冰柜冷冻4小时左右。

10.将脱模的慕斯放在硬纸垫上，准备装饰。

11.在慕斯表面淋上透明果胶。

12.在淋好果胶的慕斯表面画上巧克力线条。

13.在慕斯表面放上一颗枇杷。

14.在慕斯表面放上一条巧克力棒，再插上一张纸牌，装饰完成。

蓝莓慕斯

原材料

巧克力蛋糕体1块，蓝莓果馅200克，乳脂奶油200克，吉利丁8克，牛奶100毫升，白糖50克，白兰地3毫升，杨梅、开心果粉末各适量。

经验之谈

脱模时尽量小心，以保证慕斯棱角有致。

制作步骤

1.锅内倒入牛奶，加入白糖拌匀。

2.加热至45℃，搅拌至白糖溶化，加入用冰水泡软的吉利丁拌匀，备用。

3.锅内放入打至六成发的乳脂奶油，加入蓝莓果馅拌匀。

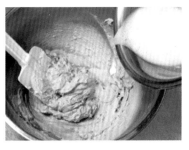

4.将步骤2的混合物分次加入到步骤3的混合物中拌匀。

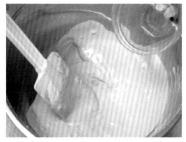

5.加入白兰地拌匀。

6.用裱花袋把拌好的慕斯挤入模具中，抹平表面，铺上一块跟模具大小一致的巧克力蛋糕体，放入–10℃的冰柜冷冻4小时左右。

7.将脱模的慕斯放在硬纸垫上，准备装饰。

8.在慕斯表面，用裱花袋挤上一层蓝莓果膏。

9.在慕斯表面放上一颗杨梅。

10.撒上开心果粉末，插上一张纸牌即可。

香蕉慕斯

原材料

毛巾蛋糕体1块，香蕉200克，柠檬汁3毫升，吉利丁10克，白糖35克，牛奶100毫升，乳脂奶油250克，苹果片、巧克力棒各适量。

经验之谈

香蕉应选熟透的，风味更佳。

制作步骤

1.锅内倒入牛奶，加入白糖拌匀。

2.加热至45℃，搅拌至白糖溶化，加入用冰水泡软的吉利丁拌匀，备用。

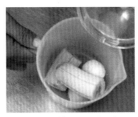

3.把香蕉放入量杯中，加入柠檬汁。

4.将步骤3的混合物用榨汁机榨成泥状，备用。

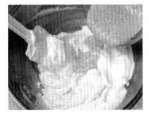

5.锅内放入打至六成发的乳脂奶油，加入步骤4的混合物拌匀。

6.将步骤2的混合物分次加入步骤5的混合物，拌匀。

7.用裱花袋把拌好的慕斯挤入模具中至一半满，放入一块比模具小一圈的蛋糕体。

8.将剩余的慕斯挤入，抹平表面，铺上一块与模具大小一致的蛋糕体，封上保鲜膜，放入−10℃的冰柜冷冻4小时左右。

9.将脱模的慕斯放在硬纸垫上，准备装饰。

10.将慕斯表面挤上透明果胶。

11.在慕斯面上插上扇形的苹果切片。

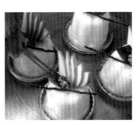

12.在慕斯表面放上一条巧克力棒，再插入一张纸牌，装饰完成。

草莓慕斯

原材料

 巧克力蛋糕体1块，鸡蛋黄35克，白糖20克，牛奶50毫升，草莓120克，吉利丁6克，乳脂奶油150克，开心果、巧克力棒各适量。

经验之谈

装饰用的草莓一定要熟透，才足够诱人。

制作步骤

1.先将草莓榨成果泥，备用。

2.锅内放入鸡蛋黄，加入白糖打至发白。

3.加入牛奶拌匀，隔水煮至浓稠。

4.加入用冰水泡软的吉利丁，拌匀后备用。

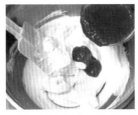

5.锅内放入打至六成发的乳脂奶油，加入步骤1的混合物拌匀。

6.将步骤4的混合物分次加入到步骤5的混合物中拌匀。

7.用裱花袋将拌好的慕斯挤入模具，抹平表面。

8.铺上一块跟模具一致的蛋糕体，放入-10℃的冰柜冷冻4小时。

9.将脱模的慕斯放在硬纸垫上，准备装饰。

10.慕斯表面淋上一层草莓果膏。

11.慕斯用巧克力贴边，表面放上一块切半的草莓。

12.表面放上一条巧克力棒。

13.放上一颗开心果，插上一张纸牌。

14.装饰完成。

黑森林慕斯

原 材 料

巧克力蛋糕体1块，牛奶100毫升，乳脂奶油200克，白糖50克，奶油乳酪50克，黑樱桃、草莓各适量。

经验之谈

此款慕斯简单易做，外观好看，口感也甚佳。

制 作 步 骤

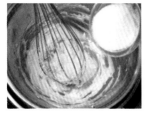

1.锅内放入奶油乳酪，隔水软化，加入牛奶拌匀。

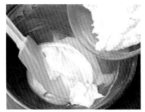

2.加入打至六成发的乳脂奶油，拌匀，备用。

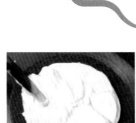

3.将裁成圆形的巧克力蛋糕体放在转盘上，抹上一层步骤2的混合物。

4.放上适量的黑樱桃。

5.放上一块跟底部一样大的蛋糕体。

6.抹上一层乳脂奶油，再放上黑樱桃，再放一块一样大的蛋糕体。

7.把做好的慕斯放在花边纸垫上。

8.在慕斯表面和侧边抹上乳脂奶油。

9.在抹好乳脂奶油的表面和侧边粘上巧克力碎。

10.将冷冻好的慕斯切成扇形件，用花嘴挤上乳脂奶油。

11.在慕斯表面放上一块切半的草莓作装饰。

12.装饰完成。

什果乳酪慕斯

原材料

蛋糕体1块，奶油乳酪95克，卡士达粉25克，牛奶200毫升，淡奶油125克，吉利丁3克，朗姆酒5毫升，什果、巧克力各适量。

经验之谈

什果粒放入模具底部，倒入乳酪慕斯时必须轻敲模具，让馅料融入什果粒内。

制作步骤

1.将奶油乳酪隔热水软化至无颗粒。

2.将牛奶和卡士达粉拌匀成卡士达馅。

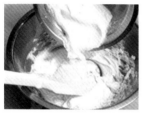

3.将打至六成发的淡奶油加入到步骤2的混合物中拌匀。

4.吉利丁用冰水泡软后隔热水熔化，再冷却至常温，备用。

5.将步骤3的混合物和步骤1的奶油乳酪混合拌匀，成卡士达乳酪糊。

6.将步骤4的混合物加入到步骤5的混合物中搅拌均匀，即成卡士达乳酪慕斯馅，再放入朗姆酒拌匀。

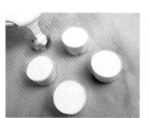

7.将什果用勺子装入模具底部。

8.将步骤6的馅料倒入步骤7的模具中，至八分满即可。

9.在步骤8的慕斯馅上放上一片蛋糕体，封好保鲜膜，入冰柜冷冻成型。

10.用温水将模具脱模，放上垫托。

11.用透明果胶在慕斯表面整体淋面。

12.在慕斯周边贴上黑巧克力片装饰。

13.在中间再放上一颗火龙果球装饰。

14.再放上一圈细小绿色巧克力，火龙果上刷透明果胶即可。

樱桃雪慕斯

原材料

巧克力蛋糕体1块，鸡蛋黄30克，牛奶100毫升，白糖35克，玉米粉3克，吉利丁8克，奶油乳酪20克，乳脂奶油200克，樱桃果粒适量。

经验之谈

若樱桃果粒不够时，请勿用烂掉的果泥，宁缺毋滥。

制作步骤

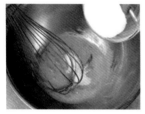

1.锅中放入鸡蛋黄，加入白糖打至发白。

2.加入过筛的玉米粉拌匀。

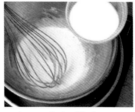

3.加入牛奶拌匀，隔水加热煮至浓稠。

4.将步骤3的混合物先加入一半到软化的奶油乳酪中拌匀。

5.加入用冰水泡软的吉利丁拌匀。

6.再加入另一半步骤3的混合物。

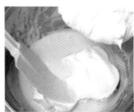

7.加入打至六成发的乳脂奶油拌匀。

8.将拌好的慕斯倒入模具中至一半满，放上适量的樱桃果粒。

9.将剩余的慕斯倒入模具，抹平表面，铺上一块跟模具大小一致的巧克力蛋糕体，放入-10℃的冰柜冷冻4小时左右。

10.将脱模的慕斯切成六等分的扇形件，放在硬纸垫上，准备装饰。

11.在慕斯表面放上两颗樱桃果粒。

12.插上纸牌即可。

白巧克力慕斯

原材料

巧克力蛋糕体1块，牛奶100毫升，鸡蛋黄30克，白糖40克，吉利丁5克，白巧克力100克，朗姆酒5毫升，乳脂奶油250克，饼干适量。

经验之谈

蛋黄一定要打发、打透，口感才会细腻。

制 作 步 骤

1.锅内倒入蛋黄，加入白糖搅至发白。

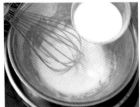

2.加入牛奶拌匀，隔水煮至浓稠。

3.加入白色巧克力搅拌至溶解。

4.加入用冰水泡软的吉利丁搅拌。

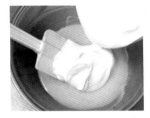

5.将打至六成发的乳脂奶油加入拌匀。

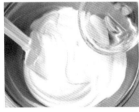

6.加入朗姆酒拌匀。

7.用裱花袋把拌好的慕斯挤入模具至一半满，放入一块比模具小一圈的蛋糕体。

8.将剩余的慕斯挤入，铺上一块跟模具大小一致的蛋糕体，封好保鲜膜，放入–10℃的冰柜中冷冻4小时左右。

9.将脱模的慕斯放在硬纸垫上，准备装饰。

10.在慕斯表面淋上一层白色巧克力淋面。

11.在慕斯表面放上一条巧克力棒。

12.在慕斯表面放上一块绿茶马卡龙饼干，插上一张纸牌，装饰完成。

柳橙豆腐慕斯

原 材 料

豆腐慕斯：豆腐100克，枫白糖浆60克，原味优格160克，康图酒20毫升，鸡蛋清60克，动物性鲜奶油220克，吉利丁10克，白糖30克，水10毫升。

淋酱：玉米粉2克，橙汁120毫升，白糖20克，橙皮丝1/4个，柠檬汁15毫升。

装饰：透明果胶、薄荷叶、水果、白糖珠及巧克力片各适量。

经验之谈

淋酱的做法：锅中放入橙汁、白糖、橙皮丝及柠檬汁，煮沸后加入玉米粉拌匀，继续煮至浓稠状后熄火，待凉即为淋酱。

制 作 步 骤

1.将豆腐过筛，压成泥状。

2.原味优格中加入枫白糖浆、康图酒拌匀。

3.趁热拌入已熔化的吉利丁片。

4.将步骤3中的混合物倒入豆腐泥中拌匀。

5.锅中放入白糖及10毫升水，以中火加热煮开至118℃，熄火备用。

6.煮白糖浆时用电动打蛋器将蛋清打至五成发，呈绵细的泡沫状。缓缓倒入白糖浆，边倒边用电动打蛋器快速搅拌均匀，然后改成中慢速继续搅拌至完全冷却，即为蛋清霜。

7.先将1/3的蛋清霜加入豆腐枫白糖优格中拌匀，再加入剩余的蛋清霜充分拌匀，最后加入打发的鲜奶油里。

8.拌匀后倒入方形慕斯圈中，并将表面抹平，放入冰箱冷冻2小时以上，取出脱模，淋上淋酱，稍作装饰即可。

三、比萨

制作披萨常识

比萨的定义

亦称披萨、匹萨。在发酵的圆面饼上覆盖番茄酱、奶酪等其他材料后烤制而成。

比萨的制作流程

A.做好比萨面饼

B.炒制比萨酱

C.将比萨酱涂到面饼上

D.铺上主料

E.烘烤出炉

比萨的种类

按地域分为：

A.纽约式比萨

B.芝加哥比萨

C.加利福尼亚比萨

按厚度分为：

A.薄脆型比萨

B.厚型比萨

实例操作

海鲜比萨

原材料

比萨面饼，洋葱丝，洋葱粒，青椒丝，蘑菇片，鲜虾，番茄酱，马苏里拉芝士，黄油，色拉油，盐，香草碎。

烘焙时间：200℃，上火，15分钟。

经验之谈

如果想将比萨拉出长长的丝，可以加大马苏里拉芝士的用量。

制作步骤

1.用黄油、色拉油、盐、香草、洋葱粒、青椒和番茄酱炒制成比萨酱。

2.将披萨酱均匀涂抹在比萨面饼上。

3.撒上切好的马苏里拉芝士。

4.撒上一层青椒丝、洋葱丝，再摆上虾仁。

5.再撒上一层马苏里拉芝士。

6.烤箱预热至180℃后，放入烤箱烘烤。

火腿芝士比萨

原材料

比萨面饼，洋葱丝，洋葱粒，青椒丝，火腿片，火腿肠，番茄酱，马苏里拉芝士，黄油，色拉油，盐，香草碎。

烘焙时间：200℃，上火，15分钟。

经验之谈

根据自己的需要，可以多抹几层番茄酱，或者一层芝士一层食材这样铺好。

制作步骤

1.用黄油、色拉油、盐、香草、洋葱粒、青椒和番茄酱炒制成比萨酱。

2.将比萨酱均匀涂抹在比萨面饼上。

3.撒上切好的马苏里拉芝士。

4.放上青椒丝，铺上一层火腿片，再撒上一层洋葱丝。

5.再铺上一层马苏里拉芝士。

6.烤箱预热至180℃后，放入烤箱烘烤。

水果沙拉比萨

原材料

比萨面饼，洋葱丝，洋葱粒，青椒丝，什锦水果，番茄酱，马苏里拉芝士，黄油，色拉油，盐，香草碎，沙拉酱。

烘焙时间：200℃，上火，15分钟。

经验之谈

可按个人喜好加入水果。时间要控制好，不要将水果烤得太干。

制作步骤

1.用黄油、色拉油、盐、香草、洋葱粒、青椒和番茄酱炒制成比萨酱。

2.将比萨酱均匀涂抹在比萨面饼上。

3.撒上切好的马苏里拉芝士。

4.撒上什锦水果。

5.再撒上一层马苏里拉芝士。

6.烤箱预热至180℃后，放入烤箱烘烤。

新奥尔良比萨

原材料

比萨面饼，洋葱丝，洋葱粒，青椒丝，火腿肠，鸡肉，番茄酱，马苏里拉芝士，黄油，色拉油，盐，香草碎，奥尔良烤鸡粉。

烘焙时间：200℃，上火，15分钟。

制作步骤

1.用黄油、色拉油、盐、香草、奥尔良烤鸡粉、洋葱粒、青椒和番茄酱炒制成比萨酱。

2.将比萨酱均匀涂抹在比萨面饼上。

3.撒上马苏里拉芝士，再铺上火腿肠、鸡肉、青椒丝和洋葱丝。

4.再撒上一层马苏里拉芝士。

5.烤箱预热至180℃后，放入烤箱烘烤。

经验之谈

鸡肉最好是提前一天腌制，在腌制时不需要加水，以免烤制时出水过多。

黑椒牛肉比萨

原材料

比萨面饼，洋葱丝，洋葱粒，青椒丝，黑椒牛肉，番茄酱，马苏里拉芝士，黄油，色拉油，盐，香草碎。

烘焙时间：200℃，上火，15分钟。

经验之谈

牛肉可以换成猪肉、鸡肉等自己喜欢的食材。

制作步骤

1.用黄油、色拉油、盐、香草、洋葱粒、青椒和番茄酱炒制成比萨酱。

2.将比萨酱均匀涂抹在比萨面饼上。

3.撒上切好的马苏里拉芝士。

4.依次放上牛肉、洋葱丝、青椒丝。

5.再撒上一层马苏里拉芝士。

6.烤箱预热至180℃后，放入烤箱烘烤。

鸡肉蘑菇比萨

原材料

比萨面饼，洋葱丝，洋葱粒，青椒丝，鸡肉，蘑菇，番茄酱，马苏里拉芝士，黄油，色拉油，盐，香草碎。

烘焙时间：200℃，上火，15分钟。

经验之谈

蘑菇片不要切太薄，烤干了口感会不好。

制作步骤

1.用黄油、色拉油、盐、香草、洋葱粒、青椒和番茄酱炒制成比萨酱。

2.将比萨酱均匀涂抹在比萨面饼上。

3.撒上切好的马苏里拉芝士。

4.依次撒上鸡肉、蘑菇片、青椒丝和洋葱丝。

5.再撒上一层马苏里拉芝士。

6.烤箱预热至180℃后，放入烤箱烘烤。

四、饼干

制作饼干常识

饼干的定义

以面粉为主料，加入水或牛奶不放酵母而烘烤出来的小份块状面食。应急时可以作为干粮储存，平时较多作为零食或点心。

饼干的一般制作流程

A.原料的预处理　　B.面团调制　　C.辊轧面团　　D.造型　　E.烘焙　　F.冷却

饼干的分类

A.酥性饼干：以低筋小麦粉为主要原料，加入较多油脂和砂糖制成手感易碎、口感酥脆的一类饼干。

B.韧性饼干：表面有针眼，造型大部分为凹花，印纹清晰，断面结构有层次，口感松脆耐嚼的一类饼干。

C.发酵饼干：以酵母为疏松剂，在小麦粉、糖、油脂的基础上，加入各种辅料，经发酵、造型、叠层、焙烤而成的食品。

D.薄脆饼干：外观厚度偏薄，口感较脆的一类饼干。

E.曲奇饼干：源于伊朗人的发明，20世纪80年代由欧美传入中国，随后逐渐在港台风靡并在大陆也受到青睐。

实例操作

香葱曲奇

原材料

牛油1000克，奶油1000克，糖1000克，鸡蛋625克，低筋面粉1250克，高筋面粉1500克，奶粉125克，奶香粉10克，香葱200克。

经验之谈

面糊湿度要控制好，太干不好成型，太稀烘烤会变形。

制作步骤

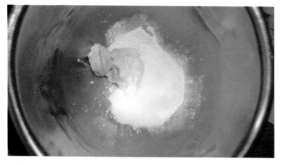

1.将牛油、奶油、糖放入搅拌机内搅拌均匀。

2.加入鸡蛋搅拌均匀。

3.加入低筋面粉、高筋面粉、奶粉、奶香粉、香葱搅拌均匀。

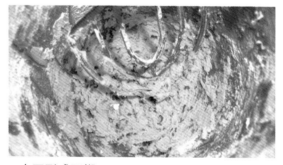

4.直至形成面糊。

5.将面糊装入裱花袋，在烤盘内用花嘴挤出形状，入炉烘烤25分钟，至熟透即可。

卡利曲奇

原材料

酥油400克，奶油400克，糖440克，盐10克，奶香粉10克，鸡蛋120克，低筋面粉1200克，泡打粉15克。

经验之谈

注意饼坯厚度的均匀。

制作步骤

1.将酥油、奶油、糖、盐、奶香粉放入搅拌机内搅拌均匀。

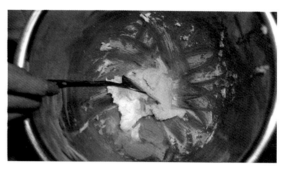

2.加入鸡蛋搅拌均匀。

3.加入低筋面粉、泡打粉。

4.搅拌均匀，直至形成面团。

5.用擀面棍擀平面团，用心形食品模具压模。

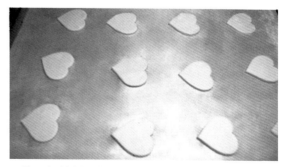

6.将压好的模型摆入盘内，入烤炉烘烤25分钟，至熟透即可。

巧克力曲奇

原材料

奶油280克，糖粉140克，盐2克，鸡蛋150克，低筋面粉420克，可可粉20克，奶香粉2克，干果仁适量。

制作步骤

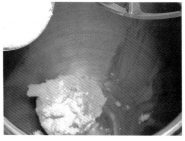

1.将奶油、糖粉、盐混合搅拌至奶白色。

2.分次加入鸡蛋搅拌至均匀。

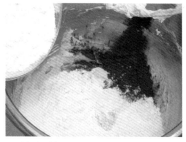

3.将低筋面粉、可可粉、奶香粉加入搅拌至均匀。

4.继续搅拌至完全均匀透彻。

5.将搅拌好的面团装入裱花袋。

6.挤入烤盘使饼坯成型。

7.表面用干果仁装饰后入烤炉。

8.烘烤至熟即可。

经验之谈

果碎装饰可自由选择，装饰时要稍压实，避免脱离。

瓜子仁曲奇

原材料

奶油225克，糖粉225克，盐2克，鸡蛋130克，高筋面粉430克，可可粉15克，瓜子仁160克。

经验之谈

果仁碎可自由选择，风味浓淡也可自由调节。

制作步骤

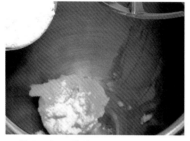

1.将奶油、糖粉、盐混合搅拌至奶白色。

2.分次加入鸡蛋，边加入边搅拌至完全均匀。

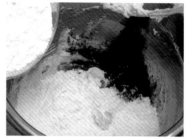

3.将高筋面粉、可可粉、瓜子仁加入，搅拌至均匀。

4.直至完全混合均匀透彻成面团。

5.将拌好的面团放入方形模具中。

6.将面团压平、压实，放入冰箱冷冻。

7.将冻实的面团取出分切成小条状。

8.再分切成小片状，放入烤盘排整齐，然后入烤炉。

9.烘烤至熟透后即可。

俄罗斯曲奇

原材料

饼皮：奶油500克，糖粉500克，清水100毫升，盐5克，鸡蛋250克，低筋面粉750克，奶香粉8克。

馅料：奶油250克，糖320克，麦芽糖300克，瓜子仁350克。

制作步骤

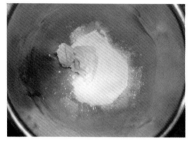

1.将饼皮原料中的奶油与糖粉拌匀。

2.加入清水和盐拌匀。

3.加入鸡蛋拌匀。

4.加入低筋面粉和奶香粉拌匀。

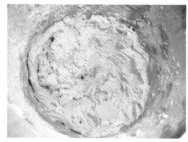

5.充分拌匀成面糊。

6.装入裱花袋，用蛋糕花嘴挤出圆形。

7.将奶油、糖、麦芽糖、瓜子仁拌匀成馅料。

8.将馅料用汤勺慢慢加入圆形内，入炉烘烤25分钟，至熟透即可。

经验之谈

面糊不要搅拌过度，拌匀即可，烘烤成金黄色。

浅色花式曲奇

原材料

鲜奶185毫升，糖粉120克，奶油130克，清水120毫升，低筋面粉430克，奶香粉2克。

制 作 步 骤

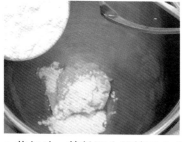

1.将奶油、糖粉混合搅拌至完全均匀。

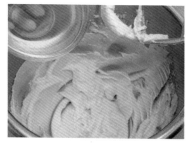

2.分次加入鲜奶、清水，边加入边搅拌至均匀。

3.加入低筋面粉、奶香粉混合。

4.搅拌至完全均匀透彻的面团。

5.取裱花袋装上花嘴，装入面团。

6.在烤盘内挤出饼坯成形，入烤炉。

7.烘烤至熟透即可。

经验之谈

成形规格要匀称，
烘烤色泽要均匀。

心形饼干

原 材 料

奶油125克，糖粉100克，盐5克，鲜奶100毫升，清水100毫升，高筋面粉350克，奶香粉2克，干果仁适量。

制 作 步 骤

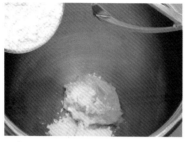

1.将奶油、糖粉、盐混合搅拌至均匀。

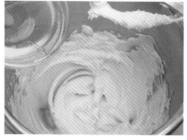

2.分次加入鲜奶、清水，边加入边搅拌至均匀。

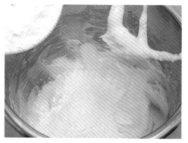

3.加入高筋面粉、奶香粉混合。

4.搅拌至完全均匀透彻。

5.把拌好的面团装入裱花袋。

6.在烤盘上挤出心形状。

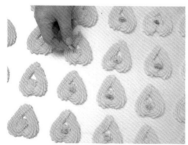

7.用干果仁装饰后入烤炉。

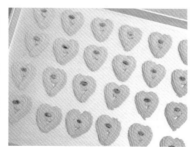

8.烘烤至熟透即可。

经验之谈

装饰的干果仁可自由选择。

开心果饼干

原材料

奶油180克，白糖200克，红糖200克，清水100毫升，低筋面粉685克，泡打粉7克，盐3克，开心果粒150克，杏仁粉180克。

制 作 步 骤

1.将奶油、白糖、红糖混合拌匀。

2.分次加入清水拌匀。

3.加入低筋面粉、泡打粉、盐搅拌至完全混合。

4.将开心果粒、杏仁粉加入拌匀。

5.将拌好的面团放入方盘中。

6.将面糊压结实后放冷柜冷冻至凝固。

7.取出分切成条。

8.排于烤盘上，入烤炉烘烤30分钟左右即可。

经验之谈

注意炉温以保持原有色泽。

奶酥饼干

原材料

酥油225克，白糖80克，蛋糕油5克，鸡蛋清60克，低筋面粉300克，奶香粉7克。

制作步骤

1. 将酥油、白糖、蛋糕油混合搅拌至奶白色。

2. 分次加入鸡蛋清拌至纯滑。

3. 加入低筋面粉和奶香粉拌均匀。

4. 面团拌好后松饧5分钟。

5. 取擀面棍将面团擀薄至3毫米左右。

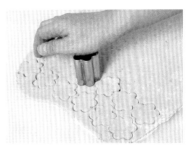

6. 用花形模具压出饼坯。

7. 将饼坯排于耐高温布上。

8. 放入炉烘烤30分钟左右即可。

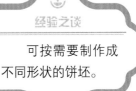

经验之谈

可按需要制作成不同形状的饼坯。

贝壳饼干

原材料

奶油150克，糖粉110克，食用油90毫升，清水90毫升，低筋面粉230克，奶香粉2克，高筋面粉110克。

制作步骤

1.将奶油、糖粉混合搅拌至完全均匀。

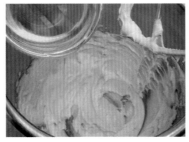

2.分次加入食用油、清水，边加入边搅拌至均匀。

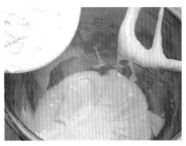

3.加入低筋面粉、奶香粉、高筋面粉后搅拌均匀。

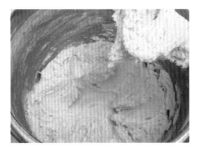

4.搅拌至完全均匀透彻。

5.取裱花袋装上花嘴，再装入面团。

6.在烤盘内挤出饼坯成形，然后入烤炉。

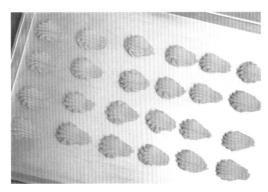

7.烘烤至熟透即可。

经验之谈

　　烘烤时要注意温度，因饼坯厚薄有些差异，火过大易焦，火过小不易烤熟。

香杏小饼

原材料

白面团：奶油450克，糖粉240克，盐6克，柠檬皮5克，蛋黄100克，低筋面粉700克，泡打粉5克，杏仁500克。

黑面团：奶油350克，糖粉180克，盐5克，蛋黄50克，低筋面粉480克，泡打粉5克，可可粉30克。

经验之谈

可可粉也可以用绿茶粉等代替以制作其他风味饼干。

制作步骤

1.将白面团材料的奶油、糖粉、盐、柠檬皮混合搅拌至奶白色。将黑面团材料的奶油、糖粉、盐也混合搅拌至奶白色。

2.在两种面糊中各自倒入蛋黄拌匀。

3.白面糊中加入低筋面粉、泡打粉、杏仁；黑面糊中加入低筋面粉、泡打粉、可可粉，分别拌至均匀。

4.黑、白面团拌好后松饧5分钟。

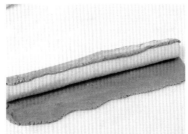

5.将黑面团压薄，里边包入白面团，成条状卷起。

6.在外表粘上杏仁碎。

7.放入冷柜冷冻。

8.然后分切成片状放在耐高温布上。

9.放入炉烘烤30分钟左右即可。

伯爵饼干

原材料

奶油240克，糖粉180克，盐2克，蛋黄50克，杏仁粉70克，低筋面粉350克，红茶末25克。

制作步骤

1.将奶油、糖粉、盐混合搅拌至奶白色。

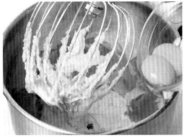

2.倒入蛋黄拌匀。

3.倒入杏仁粉、低筋面粉、红茶末拌打均匀。

4.将面团搓成条状。

5.用保鲜纸包好，压扁。

6.放入冰箱冷冻后，分切成片状。

7.将切好的小片摆放在耐高温布上。

8.入炉，烘烤30分钟左右即可。

经验之谈

红茶末颗粒不要太粗。

咖啡风味饼干

原材料

奶油125克，糖粉100克，鸡蛋60克，咖啡粉8克，低筋面粉180克，奶粉20克，干果仁适量。

制 作 步 骤

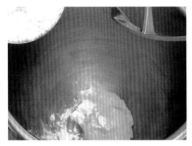

1.将奶油、糖粉混合搅拌均匀。

2.分次加入鸡蛋搅拌均匀。

3.分次加入咖啡粉，边加入边搅拌至均匀。

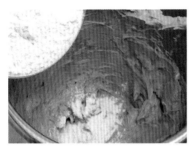

4.加入低筋面粉、奶粉继续搅拌，直至完全均匀透彻。

5.取裱花袋装上花嘴，将面糊装入裱花袋。

6.在烤盘内挤出饼坯成形。

7.用干果仁装饰。

8.入炉烘烤至熟透即可。

经验之谈

重点是突出咖啡风味，风味浓淡可自由调节。装饰果仁可自由选择，灵活变通。

蜂蜜西饼

原材料

饼体：奶油250克，糖粉150克，鸡蛋清20克，低筋面粉280克，花生粉30克，奶香粉2克。

馅料：奶油12克，白糖50克，鸡蛋120克，蜂蜜50毫升，低筋面粉30克，花生粉120克，花生碎适量。

经验之谈

加馅时不要过多。

制作步骤

1.将饼体原料的奶油、糖粉混合拌匀。

2.分次加入鸡蛋清拌匀。

3.将低筋面粉、花生粉、奶香粉搅拌至完全混合。

4.面团拌好后松饬5分钟。

5.搓成长条状，放入冷柜冷冻。

6.取出切成3毫米厚薄片状。

7.排于耐高温布上备用。

8.将制作馅料的原料分次拌匀。

9.馅料装入裱花袋，挤在饼坯表面。

10.放入炉烘烤30分钟左右即可。

绿茶薄片

原材料

奶油190克，糖粉160克，鸡蛋清130克，蛋黄10克，低筋面粉200克，奶粉120克，绿茶粉6克。

经验之谈

烘烤时温度不要过高，保持产品原色。

制作步骤

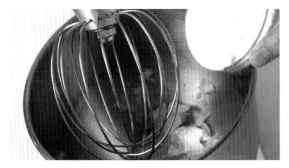

1.将奶油、糖粉混合拌匀。

2.加入鸡蛋清、蛋黄搅拌均匀。

3.放入低筋面粉、奶粉、绿茶粉搅拌至无颗粒。

4.将胶模放在耐高温布上，然后倒上拌好的面糊抹平。

5.去掉胶模。

6.放入炉烘烤20分钟左右即可。

核桃巧克力饼干

原材料

饼体：酥油250克，糖粉120克，盐1克，鸡蛋60克，低筋面粉300克，高筋面粉100克，可可粉25克，瓜子碎70克，核桃碎70克。

夹心：白巧克力200克，炼乳20克。

制作步骤

1. 将酥油、糖粉、盐混合搅拌至奶白色。

2. 分次放入鸡蛋液搅拌至均匀。

3. 放入低筋面粉、高筋面粉、可可粉、瓜子碎、核桃碎拌至混合成团。

4. 将面团松弛5分钟。

5. 用擀面棍将面团压薄，用饼模压制成形，入炉烘烤25分钟。

6. 将隔水加热熔化后的夹心馅料挤在烤好晾凉的饼干上。

7. 取另外一块饼干盖住即可。

经验之谈

注意色泽，不要烤黑了。

大理石饼干

原材料

酥油160克，糖粉80克，盐2克，蛋黄40克，鲜奶10毫升，低筋面粉240克，奶香粉150克，绿茶粉15克。

经验之谈

交叉拧时注意不要拧断。

制作步骤

1. 将酥油、糖粉、盐混合搅拌至奶白色。

2. 分次加入蛋黄、鲜奶拌至纯滑。

3. 放入低筋面粉、奶香粉。其中一半加入绿茶粉，做成绿色面团。

4. 搅拌均匀成面团。

5. 两个面团各松饧5分钟。

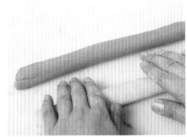

6. 分成同等剂量，搓成条状。

7. 交叉拧起。

8. 搓成条状至纯滑，放入冷柜冷冻。

9. 然后取出分切成片状。

10. 排于耐高温布上，放入炉烘烤30分钟即可。

花生薄饼

原材料

酥油375克，糖粉250克，盐3克，鸡蛋270克，鲜奶150毫升，低筋面粉460克，奶粉100克，奶香粉5克，花生碎适量。

经验之谈

花生碎的颗粒要均匀才美观。

制作步骤

1.将酥油、糖粉、盐混合搅拌至奶白色。

2.分次加入鸡蛋、鲜奶拌至均匀。

3.加入低筋面粉、奶粉、奶香粉拌至完全混合成面糊。

4.将面糊装入裱花袋，用花嘴挤出成形。

5.粘上花生碎后，放入炉烘烤25分钟左右即可。

海苔饼干

原材料

低筋面粉400克，奶粉30克，白糖35克，盐5克，臭粉1克，食粉4克，蜂蜜100毫升，鸡蛋50克，清水50毫升，海苔15克，酥油100克。

制 作 步 骤

1.将低筋面粉、奶粉、白糖、盐、臭粉、食粉混合，完全拌匀。

2.加入蜂蜜、鸡蛋、清水、海苔、酥油搅拌均匀成团。

3.将面团松饧5分钟。

4.用擀面棍将面团擀薄。

5.用饼模压出饼坯。

6.将饼坯排在耐高温布上。

经验之谈

搅拌不要太久，扎孔后再烘烤。

7.取竹签扎孔，放入炉内，烘烤25分钟左右即可。

猫舌饼

原材料

奶油100克，鲜奶100毫升，酥油100克，低筋面粉240克，淀粉50克，糖粉150克，鸡蛋清150克，白糖80克，塔塔粉3克。

经验之谈

面糊拌匀后稍凝固才易成形，可单块包装，也可夹心包装。

制作步骤

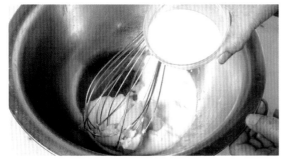

1.将奶油、鲜奶、酥油混合加热溶化。

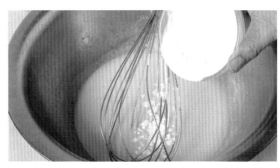

2.加入低筋面粉、淀粉、糖粉拌至无颗粒状。

3.将拌好的面糊静置备用。

4.将鸡蛋清、白糖、塔塔粉混合拌打至鸡尾状。

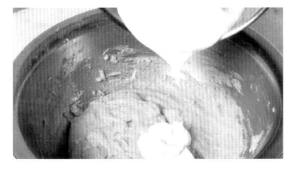

5.分次与步骤3的面糊拌匀，再静置15分钟。

6.用裱花袋将面糊挤出成形于耐高温布上，入炉烘烤25分钟左右即可。

巧克力薄饼

原 材 料

奶油150克，糖粉120克，鸡蛋清90克，低筋面粉150克，奶粉80克，可可粉15克，盐2克，杏仁适量。

经验之谈

杏仁经烘烤后会更加香甜。

制 作 步 骤

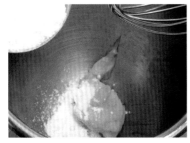

1.将奶油、糖粉混合搅拌至奶白色。

2.加入鸡蛋清，边加入边搅拌至完全均匀。

3.将低筋面粉、奶粉、可可粉、盐加入继续搅拌。

4.搅拌至完全均匀透彻。

5.面糊拌好后，先预备耐高温布和瓦片模，将面糊铺于瓦片模上。

6.用抹刀抹平，填满。

7.抹平后将瓦片模取去。

8.饼坯表面用杏仁片装饰，然后入炉烘烤。

9.烘烤熟透后出炉即可。

蔬菜饼干

原材料

奶油150克，糖粉50克，鸡蛋30克，低筋面粉230克，蔬菜叶适量。

制作步骤

1.将奶油、糖粉混合搅拌至奶白色。

2.分次加入鸡蛋，边加入边搅拌至均匀。

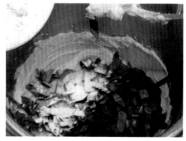

3.加入低筋面粉、蔬菜叶搅拌均匀。

4.搅拌至完全均匀透彻。

5.取出折叠均匀。

6.把拌好的面团用擀面棍擀平压薄。

7.用模具印出饼坯，排入烤盘，入烤炉。

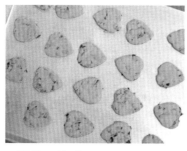

8.烘烤至熟透即可。

经验之谈

蔬菜可按时令选择。

马赛克饼干

原材料

A: 奶油240克，糖粉170克，盐3克；

B: 鸡蛋50克；

C: 低筋面粉430克，可可粉、绿茶粉各适量。

经验之谈

烘烤温度不宜太高。

制 作 步 骤

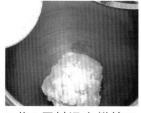

1.将A原料混合搅拌至奶白色。

2.分次加入B原料，边加入边搅拌至完全均匀。

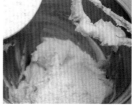

3.将C原料加入搅拌。

4.搅拌均匀后取出。

5.用手推叠9次。

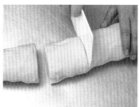

6.将面团分切为4块。

7.将其中两块面团分别拌入可可粉和绿茶粉。

8.搓成长条状，大小一致。

9.表面扫上清水。

10.叠成正方条。

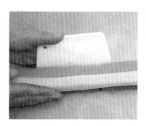

11.压实压齐，放入冰柜冷藏。

12.冻好后取出，切成小片状，大小一致，入炉烘烤至完全熟透即可。

蛋黄饼

原材料

鸡蛋150克，盐2克，白糖220克，低筋面粉300克，淀粉100克，蛋糕油25克，清水90毫升，奶油70克，橙色香油适量。

制作步骤

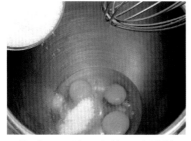

1.将鸡蛋、盐、白糖混合搅拌至完全均匀。

2.加入低筋面粉、淀粉搅拌至无颗粒状。

3.加入蛋糕油，先慢后快搅拌，至体积增至原来的3.5倍左右。

4.将清水、奶油、橙色香油加入，转中速，边加入边搅拌。

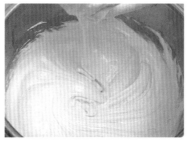

5.至完全混合均匀。

6.用裱花袋装入面糊，在烤盘内挤出成形。

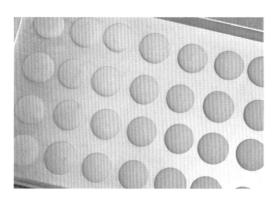

7.入炉烘烤至熟透后即可。

经验之谈

蛋糊尽量拌打起发，橙色香油可按需调节，制作出不同风味的食品。

绿茶蜜豆饼

原材料

奶油160克，糖粉80克，鸡蛋50克，低筋面粉240克，奶香粉2克，绿茶粉20克，红蜜豆120克。

经验之谈

面团擀开扫水后卷起会更牢固。烘烤温度不宜太高，因为着色太深会影响美观。

制作步骤

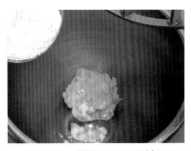

1.将奶油、糖粉混合搅拌均匀至奶白色。

2.分次加入鸡蛋，边加入边搅拌至完全均匀。

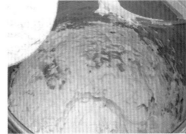

3.将低筋面粉、奶香粉加入。

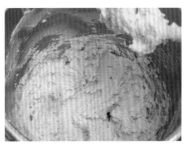

4.搅拌至完全透彻均匀。

5.把拌好的面团分一半调入绿茶粉混合均匀。

6.加入红蜜豆搅拌至完全混合。

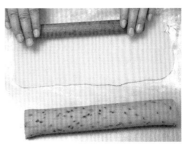

7.分别将混有蜜豆的面团搓成长条状，将另外一块面团擀开。

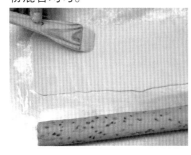

8.将擀开的面团扫上清水，将长条状面团放入。

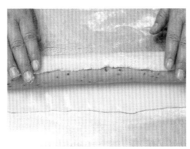

9.卷起放入冰柜冷藏。

10.冻好后取出，切成小片状，大小一致，入炉烘烤至完全熟透即可。

五、酥

制作酥点常识

酥类定义

用面粉、芝麻与糖制成的点心食品。

酥点分类

层酥：成品能起酥层的酥点，如荷花酥、菊花酥、千层酥、风车酥、皮蛋酥等。

混酥：成品不分层、口感酥松的酥点。

一般制作步骤

A.做好酥皮

B.做好酥馅

C.把馅料包进酥皮

D.造型

E.烘烤

实例操作

包馅酥

原材料

奶油100克，白糖浆75克，盐2克，蛋黄30克，低筋面粉230克，吉士粉15克，奶香粉2克，菠萝馅适量。

制作步骤

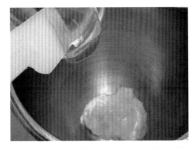

1.将奶油、白糖浆、盐混合搅拌至奶白色。

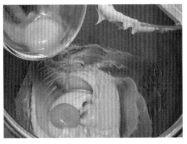

2.分次加入蛋黄，边加入边搅拌至均匀。

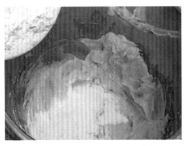

3.加入低筋面粉、吉士粉、奶香粉搅拌均匀。

4.搅拌至完全均匀，再用手揉成一团，备用。

5.将馅、皮按比例3:2分成等份。

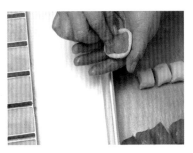

6.用皮将馅包入制成饼坯。

7.将饼坯压入模具内，压实压平，入烤炉。

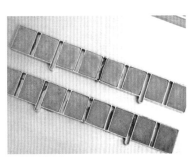

8.烘烤至熟透，出炉脱模即可。

经验之谈

皮将馅包入要均匀，烘烤时底部着色后将饼模反转烤另一面，这样着色才均匀。

蝴蝶酥

原材料

A: 低筋面粉1000克，砂糖100克，猪油75克，鸡蛋2个，水350毫升；

B: 千层酥油适量。

制作步骤

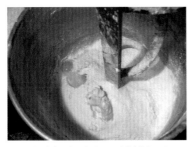

1.将材料A依次加入搅拌机内，搅拌均匀。

2.直至形成面团。

3.将面团包入材料B。

4.用擀面棍擀平，开酥，折成3cm×3cm×3cm的形状。

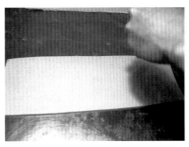

5.将砂糖撒在擀平的面皮上。

6.将两边向内折起。

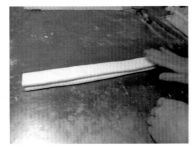

7.将中间折起，呈长方形条状。

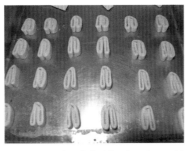

8.用切刀切成蝴蝶形，摆入烤盘内，入炉以上火210℃、下火160℃的温度烘烤25分钟，熟透后出炉。

经验之谈

开酥时，注意平整和均匀。

瓜子酥

原材料

糖700克，酥油750克，鸡蛋3个，苏打粉8克，低筋面粉1300克，瓜子仁200克。

经验之谈

蘸瓜子仁时，表面湿度要够。

制作步骤

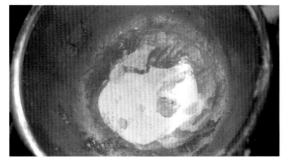

1.将糖、酥油放入搅拌机内，搅拌均匀。

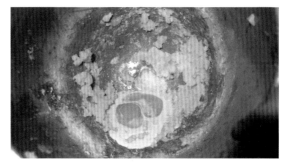

2.加入鸡蛋，搅拌均匀。

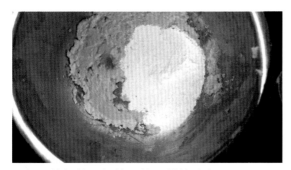

3.加入苏打粉、低筋面粉，搅拌均匀。

4.直至形成面团。

5.用分面刀分成大小一致的小面团，搓圆，压平，表面蘸上瓜子仁，摆入烤盘内，入炉以上火180℃、下火130℃的温度烘烤25分钟，熟透后出炉。

葡萄酥

原材料

奶油150克，糖粉150克，鸡蛋2个，低筋面粉75克，苏打粉2克，葡萄干150克。

制作步骤

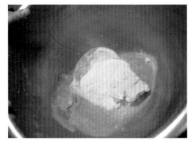

1.将奶油放入搅拌机内。

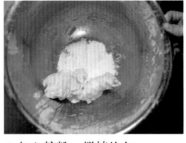

2.加入糖粉，搅拌均匀。

3.加入鸡蛋，搅拌均匀。

4.加入低筋面粉、苏打粉，搅拌均匀。

5.加入葡萄干，搅拌均匀。

6.直至形成面团。

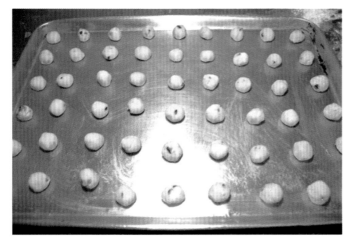

经验之谈

不要搅拌过度，拌匀即可；烘烤后期注意降温。

7.用分面刀分成大小一致的圆形面团，放入烤盘，入炉以上火190℃、下火160℃的温度烘烤20~25分钟，熟透后出炉。

核桃酥

原 材 料

奶油136克，食用油15毫升，食粉5克，盐3克，白糖105克，鸡蛋20克，低筋面粉165克，奶粉20克，核桃碎70克，蛋糕碎50克。

制 作 步 骤

1.将奶油、食用油、食粉、盐、白糖混合搅拌均匀。

2.分次加入鸡蛋完全拌匀。

3.加入低筋面粉、奶粉、核桃碎、蛋糕碎拌至无颗粒，成面团。

4.用将拌好的面团松饧5分钟。

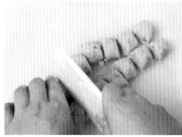

5.分切成大小均匀的粒状，搓团。

6.用纯蛋黄液泡过后过筛。

7.排放在耐高温布上。

8.静置20分钟后，入炉烘烤30分钟左右即可。

经验之谈

白糖不需要完全溶化；成形后要松饧。

甘露酥

原材料

低筋面粉500克，糖300克，猪油230克，鸡蛋1个，泡打粉10克，臭粉3克，莲蓉、黑芝麻、白芝麻各适量。

经验之谈

搅拌时，不要搅拌过度，否则不好上色，注意掌握火候。

制作步骤

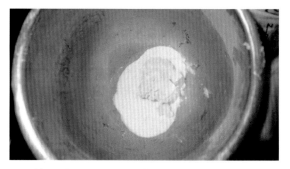

1.将糖、猪油混合，搅拌透彻。

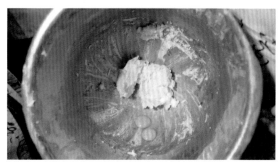

2.加入鸡蛋，搅拌均匀。

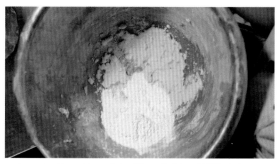

3.加入低筋面粉、泡打粉、臭粉，搅拌均匀。

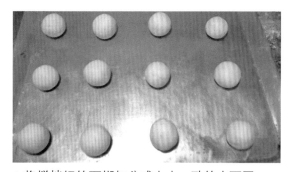

4.将搅拌好的面糊切分成大小一致的小面团。

5.包入莲蓉，搓成圆形入烤盘。

6.表面刷蛋液，撒上黑、白芝麻，入炉以上火210℃、下火160℃的温度烘烤18分钟，熟透后出炉。

千层酥

原材料

低筋面粉1000克，砂糖100克，猪油75克，鸡蛋2个，水350毫升，片状酥油适量，莲蓉适量。

经验之谈

操作过程中注意水皮的保湿，开酥3次，最好每次开好后经冷藏再开。

制 作 步 骤

1.将低筋面粉、砂糖、猪油、鸡蛋、水放入搅拌机内，搅拌至形成面团。

2.擀成面团皮，包入片状酥油。

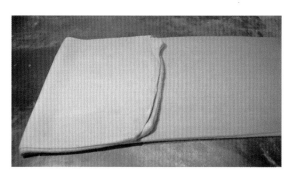

3.用擀面棍擀平，折成3cm×3cm×3cm的形状。

4.用擀面棍擀薄后，用轮刀切成方形面皮。

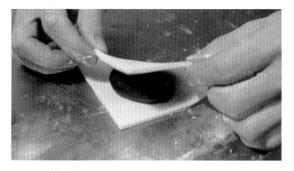

5.包入莲蓉。

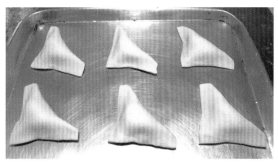

6.摆入烤盘内，入炉以上火210℃、下火160℃的温度烘烤25分钟，熟透后出炉。

蛋黄酥

原材料

面团A： 低筋面粉800克，高筋面粉200克，糖200克，猪油200克，鸡蛋2个，水450毫升；

面团B： 低筋面粉500克，猪油300克；

馅料： 莲蓉30克，咸蛋黄1个。

制作步骤

1.将面团A中的材料搅拌成面团。

2.将面团B中的材料搅拌成面团。

3.将步骤2得到的面团包入步骤1的面团中。

4．用擀面棍擀平，折成3cm×3cm×3cm 的形状。

5.用轮刀分成大小相等的正方形。

6.包入馅料，搓圆。

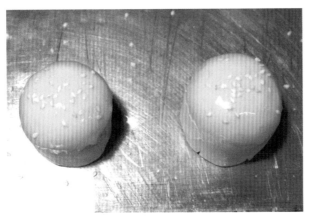

7.在表面刷上蛋液，放入烤盘内，入炉以上火180℃、下火180℃的温度烘烤30分钟，熟透后出炉。

经验之谈

操作时，注意水皮的保湿；烘烤时，注意色泽的控制。

皮蛋酥

原材料

饼皮部分： 糖500克，牛油600克，鸡蛋2个，牛奶100毫升，低筋面粉900克。

馅料： 皮蛋5个，豆沙30克。

制作步骤

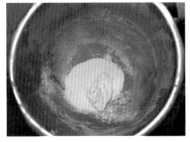

1. 将糖、牛油放入搅拌机内，搅拌均匀。

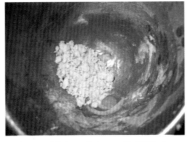

2. 加入鸡蛋、牛奶，搅拌均匀。

3. 加入低筋面粉，搅拌均匀。

4. 直至形成面团。

5. 将每个皮蛋分成4份，用豆沙将分好的皮蛋包好，备用。

6. 将面团分成每个40克的小面团，将馅料包入，搓成橄榄形。

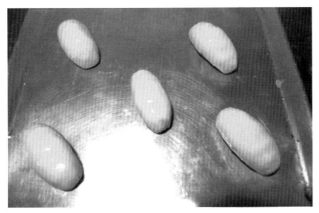

7. 放入烤盘内，刷上蛋液，用竹签在表面划上条纹，入炉以上火180℃、下火160℃的温度烘烤15~20分钟，熟透后出炉。

经验之谈

烘烤时间不宜太长，否则成品容易爆裂。

菊花酥

原材料

面团A：低筋面粉800克，高筋面粉200克，糖200克，猪油200克，鸡蛋2个，水450毫升；

面团B：低筋面粉500克，猪油300克；

馅料：豆沙60克。

经验之谈

操作过程中注意皮的保湿，否则皮干后做出的成品将不会光滑。

制作步骤

1.将面团A的材料放入搅拌机内，搅拌均匀。

2.直至形成面团。

3.将面团B的材料搅拌成面团。

4.将步骤3的面团包入步骤2的面团中。

5.用擀面棍擀平，折成3厘米×3厘米×3厘米的形状。

6.包入豆沙。

7.用擀面棍擀成圆形。

8.用剪刀剪成24瓣。

9.将剪好的瓣折成90°角，放入烤盘内，入炉以上火210℃、下火160℃的温度烘烤25分钟，熟透后出炉。

美式海苔酥

原材料

酥油250克，糖粉150克，三花淡奶120毫升，海苔粉50克，低筋面粉200克。

经验之谈

烘烤时，注意颜色不要太重。

制 作 步 骤

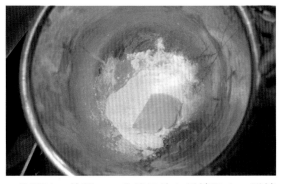

1.将酥油、糖粉、三花淡奶放入搅拌机内，搅拌均匀。

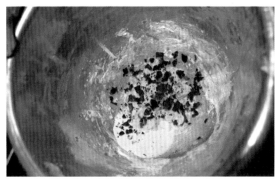

2.加入海苔粉，搅拌均匀。

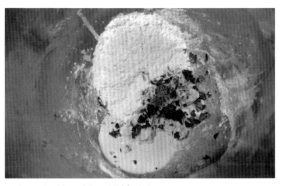

3.加入低筋面粉，搅拌均匀。

4.直至形成面团。

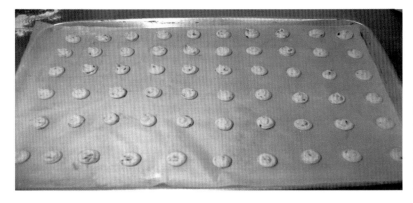

5.用分面刀分成每个20克的小面团，搓圆，压平，放入烤盘内，入炉以上火210℃、下火160℃的温度烘烤25分钟，熟透后出炉。

图书在版编目（CIP）数据

最新烘焙技法全书/犀文图书编著.—天津：天津科技翻译出版有限公司,2015.9
ISBN 978-7-5433-3511-0

Ⅰ.①最… Ⅱ.①犀… Ⅲ.①烘焙—糕点加工 Ⅳ.①TS213.2

中国版本图书馆 CIP 数据核字 (2015) 第 128149 号

出　　　版：天津科技翻译出版有限公司

出 版 人：刘 庆

地　　　址：天津市南开区白堤路 244 号

邮政编码：300192

电　　　话：（022）87894896

传　　　真：（022）87895650

网　　　址：www.tsttpc.com

策　　　划：犀文图书

印　　　刷：北京画中画印刷有限公司

发　　　行：全国新华书店

版本记录：787×1092　16 开本　12 印张　150 千字

　　　　　　2015 年 9 月第 1 版　2015 年 9 月第 1 次印刷

　　　　　　定价：39.80 元